INVENTAIRE
V 28149

V

PRÉVISION DU TEMPS.

0ᶜ ALMANACH 50ᶜ

CALENDRIER MÉTÉOROLOGIQUE

POUR

L'ANNÉE 1866,

Suivi d'un Traité succinct sur l'art de pronostiquer le temps avec une certaine probabilité,

A L'USAGE

DE L'HOMME DES MERS ET DE L'HOMME DES CHAMPS,

PAR

F.-V. RASPAIL.

PARIS
CHEZ L'ÉDITEUR DES OUVRAGES
de M. Raspail
14, RUE DU TEMPLE, 14
(près de l'Hôtel de ville).

BRUXELLES
A L'OFFICE DE PUBLICITÉ
LIBRAIRIE NOUVELLE,
Rue Montagne de la Cour.

EN VENTE AU MÊME BUREAU,
14, RUE DU TEMPLE, A PARIS.

HISTOIRE NATURELLE DE LA SANTÉ ET DE LA MALADIE chez les végétaux et les animaux en général et en particulier, chez l'homme, par F.-V. RASPAIL. — 3e édition, entièrement refondue et considérablement augmentée, avec des figures sur bois dans le texte, et 19 planches gravées sur acier d'après les dessins de son fils F.-Benj. RASPAIL. 3 forts volumes grand in-8.

PRIX DE L'OUVRAGE : { avec figures en noir . . . . 30 fr.
{ avec figures coloriées . . . . 40 fr.

Afin de mettre cet ouvrage à la portée de toutes les bourses, on a pris le parti de le vendre par volume et même par série de livraisons, quoique l'ouvrage soit complet et achevé depuis mars 1860.

REVUE ÉLÉMENTAIRE DE MÉDECINE ET DE PHARMACIE DOMESTIQUES, ainsi que des sciences accessoires et usuelles, mises à la portée de tout le monde, par F.-V. RASPAIL. 2 beaux vol. — 1847-1849. Prix de chaque volume . . . . 6 fr.
Par la poste . . . . 7 fr. 50

REVUE COMPLÉMENTAIRE DES SCIENCES APPLIQUÉES à la Médecine et Pharmacie, à l'Agriculture, aux Arts et à l'Industrie, par F.-V. RASPAIL, 6 vol. in-8. Ce recueil, exclusivement consacré aux sciences d'observation et qui a paru du 1er août 1854 au 1er juillet 1860, est une publication complémentaire de toutes les publications de M. Raspail, ne renfermant que des articles originaux, résultats raisonnés de ses nouvelles observations, expériences ou applications, en médecine humaine ou vétérinaire, pharmacie, physiologie animale et végétale, météorologie appliquée à l'agriculture, études sur l'agriculture des Flandres, etc., arts, industrie, chimie, physique, études physiognomoniques et toxicologiques, etc., etc.

Ce recueil est la continuation de la *Revue élémentaire de Médecine et Pharmacie domestiques*, journal qui a cessé de paraître le 15 mai 1849. Prix de chaque volume . . . . 6 fr.
Par la poste . . . . 7 fr. 50

NOUVELLES ÉTUDES SCIENTIFIQUES ET PHILOLOGIQUES (1861-1864), par F.-V. RASPAIL. Gros in-8, avec 14 planches (10 sur cuivre et 4 sur pierre), dessinées, gravées et lithographiées par son fils F.-Benj. RASPAIL. — Le caractère de ce recueil est suffisamment indiqué par l'épigraphe : *De omni re scibili* (On ne doit rester étranger à rien de ce que l'on peut apprendre). — Il peut être considéré comme une continuation, sous une forme non périodique, de la *Revue complémentaire des Sciences appliquées* (1854-1860). — Prix . . . . 10 fr.
Par la poste . . . . 11 fr. 50

NOTICE THÉORIQUE ET PRATIQUE SUR LES APPAREILS ORTHOPÉDIQUES de la méthode hygiénique et curative de F.-V. RASPAIL, par CAMILLE RASPAIL fils, médecin. — Brochure in-8, avec figures sur bois dans le texte. — Prix . . . . 1 fr.

PRÉVISION DU TEMPS.

ALMANACH

ET

CALENDRIER MÉTÉOROLOGIQUE

POUR

L'ANNÉE 1866,

Suivi d'un Traité succinct sur l'art de pronostiquer le temps avec une certaine probabilité,

A L'USAGE

DE L'HOMME DES MERS ET DE L'HOMME DES CHAMPS

PAR

F.-V. RASPAIL.

PARIS	**BRUXELLES**
CHEZ L'ÉDITEUR DES OUVRAGES de M. Raspail,	A L'OFFICE DE PUBLICITÉ,
14, RUE DU TEMPLE, 14	LIBRAIRIE NOUVELLE,
(près de l'Hôtel de ville).	39, Rue Montagne de la Cour, 39.

INTRODUCTION EXPLICATIVE.

§ 1.

Le mot ALMANACH nous vient de la langue arabe : il est composé de AL le, et MANECH comput ou art de compter les mois et les jours de l'année.

CALENDRIER, en latin *calendarium*, vient de *calendæ* (le jour des calendes), le premier jour de chaque mois chez les Latins, le jour des grands rendez-vous des citoyens sur le *Forum*, cette grand'place de Rome ; jour de foule au marché et à la barre de la justice ; jour enfin des grandes assemblées commerciales ou politiques. Ce mot est dérivé du vieux verbe latin *calare* qui signifiait assembler, réunir.

Les Grecs donnaient à leur calendrier le nom d'ÉPHÉMÉRIDES, mot qui est une définition comme presque tous les mots grecs ; il est dérivé de *ép* pour, *hemera* chaque jour ; ils appelaient aussi, et appellent encore leur calendrier *himerologion*, de *légô* j'enregistre, *himeras* les jours.

Le nom français *annuaire*, qui date de notre grande Révolution, aurait été préférable, surtout parce qu'il est français ; c'est le seul souvenir que le *bureau des longitudes* ait conservé de la nomenclature de cette époque, dans son *annuaire du bureau des longitudes*.

2.

Le triple calendrier que nous publions joint à l'ancienne forme de tous les ALMANACHS, un premier avantage tout nouveau, qui est d'indiquer, non-seulement les quantièmes du mois et les noms du martyrologe de la religion catholique, mais encore les changements probables qui doivent s'effectuer dans les phénomènes atmosphériques aux différentes époques de chaque mois, au moyen de l'indication des phases et points lunaires et du cours du soleil ; application presque synoptique des principes de météorologie que nous avons développés dans notre *Revue complémentaire des sciences appliquées*, de 1853 à 1860 (1), et dont nous donnons le résumé succinct, mais suffisant pour la pratique, à la suite des divers tableaux qui forment le calendrier comparatif de cette année. (Voyez n° XI.)

§ 3.

Nous avons mis en regard de l'ALMANACH à l'usage des catholiques ou CALENDRIER GRÉGORIEN, qui est redevenu l'ALMANACH légal en France depuis 1806, le CALENDRIER, ou plutôt l'ANNUAIRE RÉPUBLICAIN, qui fut l'ALMANACH LÉGAL pendant les treize plus glorieuses années de nos victoires et de notre rénovation sociale, c'est-à-dire du 22 septembre 1793 au 1er janvier 1806.

Notre histoire, notre jurisprudence, nos titres de propriété, nos actes de l'état civil, etc., sont pleins du souvenir de cette ère et de mentions de ces dates ; ce qui ne permet pas d'ignorer la concordance de ces deux calendriers ; une telle connaissance doit même faire partie d'une bonne éducation.

(1) *Revue complémentaire des sciences appliquées à la médecine et à la pharmacie, à l'agriculture, aux arts et à l'industrie*, par F.-V. RASPAIL. 6 vol. in-8°. 1854-1860.

D'un autre côté, ce tableau synoptique et comparatif ne servira pas peu à mettre en évidence la simplicité et l'avantage de l'un, par sa concordance avec les époques astronomiques et par la régularité de sa nomenclature; ce qui fera d'autant ressortir la bizarrerie, les contradictions, l'arbitraire des indications de l'autre, et ce qui nous montrera combien nous avons à regretter que la conspiration réactionnaire, qui depuis 1806 nous ronge jusqu'au cœur, soit venue à bout de rétablir ce calendrier suranné qu'une interruption de treize années avait fini par effacer du souvenir des habitants de cette moitié de l'Europe civilisée qui formait alors l'empire français.

Le CALENDRIER GRÉGORIEN, qui a succédé à l'ANNUAIRE RÉPUBLICAIN, n'est au fond qu'un mélange incohérent de souvenirs du paganisme et de superstitions météorologiques, où l'arbitraire irréfléchi a réglé la disposition et la nomenclature des mois et des jours. Il a en outre le grand défaut d'être une protestation illégale contre les principes de 89 qui font la base de notre droit national, grande époque qui a reconnu l'égalité des citoyens et des diverses croyances devant la loi, en sorte que nulle d'entre ces croyances ne puisse se croire en droit de s'imposer à toutes les autres. Or ce calendrier constitue une opposition flagrante avec ce principe fondamental, en assignant à chaque jour du mois, le nom d'une fête ou d'un saint que les cultes non catholiques ne reconnaissent en aucune manière. J'ai dit que ce CALENDRIER est imprégné de tous les souvenirs du paganisme et des superstitions de l'astrologie, dans la désignation des mois et des jours de la semaine : Par exemple : JANVIER est la traduction du mois païen *januarius*, mois consacré au dieu JANUS;

Février, c'est le mois païen *februarius*, mois consacré au dieu de la fièvre ; mars, mois consacré à Mars, dieu de la guerre ; avril, en latin *aprilis*, consacré à Vénus Aphrodite, déesse de toutes les conceptions végétales ou animales ; mai, consacré à Maïa, vierge qui devint mère de *Mercure* par l'opération de l'esprit de l'air (Jupiter) ; juin, en latin *junius*, consacré à Junon Lucine ; juillet, en latin *julius*, consacré à Jules César élevé au rang des dieux après sa mort ; aout, en latin *augustus*, consacré à Octave à qui on décerna de son vivant le titre qu'on n'avait donné jusque-là qu'aux Dieux païens : *augustus* en latin, *sebastos* en grec.

Mais après la profanation, voici la bizarrerie de cette nomenclature des mois : chez les premiers Romains l'année qui n'avait que dix mois commençait au mois de mars, en sorte que notre mois d'août (*augustus*) étant le sixième de l'année, prenait le nom de *sextilis*, le suivant celui de septième mois (*september*), et ainsi de suite. Numa, qui était versé dans la connaissance des temps, ayant ajouté à l'année les mois de janvier et de février, et ayant commencé l'année en janvier, les cinq derniers mois conservèrent chacun leur ancien nom, quoique leur numéro d'ordre fût changé. Ainsi le mois qui suit le mois d'août s'appelle le septième mois (*september*), quoiqu'il soit devenu le neuvième ; celui qui suit s'appelle le huitième (*october*), quoiqu'il soit le dixième ; le suivant s'appelle le neuvième (*november*), quoiqu'il soit le onzième ; le suivant le dixième (*december*), quoiqu'il soit le douzième.

Venons-en aux jours de la semaine : l'astrologie avait donné à chaque jour de la semaine le nom d'une des sept planètes admises à cette époque où l'on croyait que le soleil tournait autour de la terre ; les astrologues pensaient que chacune de ces planètes exerçait une influence sur un des jours de la semaine qui pour cela en portait le nom. Nous aurions aujourd'hui des semaines de plus de 80 jours, s'il fallait donner à chaque jour le nom d'une planète; car le nombre de ces planètes ne tardera pas à s'élever à 80. A part le *jour du soleil* (*solis dies*) (1) que les catholiques nomment dimanche (*dies dominica* ou jour du Seigneur), le CALENDRIER GRÉGORIEN a conservé tous les autres noms planétaires et païens des jours de la semaine : LUNDI (*Lunæ dies*, jour de la Lune); MARDI (*Martis dies*, jour de Mars); MERCREDI (*Mercurii dies*, jour de Mercure); JEUDI (*Jovis dies*, jour de Jupiter); VENDREDI (*Veneris dies*, jour de Vénus); SAMEDI (*Saturni dies*, jour de Saturne, dieu qui dévorait ses enfants comme le ferait le diable). En sorte que, dans le bréviaire des catholiques, la fête de Dieu tombe le jour consacré à Jupiter, c'est-à-dire le jeudi (*Jovis dies*, mot qui se trouve en tête de cette fête dans le bréviaire); que les fêtes de la Vierge peuvent tomber le JOUR DE VÉNUS (*Veneris dies*, pour nous servir de l'intitulé du bréviaire); et que le vendredi saint s'intitule dans le bréviaire *sancta dies Veneris*, le saint jour de Vénus.

Ne pensez-vous pas que, par respect pour lui-même, le catholicisme devrait demander encore plus que nous la réforme de ce calendrier antique et sacrilége?

Que dire de la division des mois en semaines de sept jours, nombre qui ne divise exactement que le mois de février des années ordinaires; et que dire de ces mois qui ont tantôt 28, tantôt 29, 30, et 31 jours? que dire d'une année qui commence onze à douze jours après

(1) Les Anglais lui ont conservé cette dénomination; ils appellent notre dimanche *sunday* (*day* jour, *sun* du soleil).

le solstice d'hiver? et pour quelle raison? parce que l'a voulu ainsi le caprice du roi Charles IX, ou qu'on l'a fait vouloir à ce roi que l'histoire n'excuse d'avoir été égorgeur de ses sujets que parce qu'il n'avait pas toute sa tête pour porter une couronne.

Il est impossible, convenez-en, de réunir plus d'incohérences, d'inconséquences, de notions erronées et de rapprochements indécents que ne le fait une telle distribution des mois et des journées.

§ 4.

Après avoir fait table rase de tous les abus passés, la grande Convention ne pouvait pas en laisser subsister un qui jurait tant contre l'esprit des institutions nouvelles. Elle confia à une commission un projet de CALENDRIER que le savant et infortuné Romme venait de soumettre à la haute sanction nationale; et, sur le rapport de Fabre d'Eglantine, au nom du Comité d'instruction publique, la Convention nationale, dans les séances des 14 vendémiaire (5 octobre), 3 et 19 brumaire (24 octobre et 9 novembre) de l'an II° de la République française (année 1793 vieux style), décréta que l'ère des Français comptait de la fondation de la République qui avait eu lieu le 22 septembre 1792 de l'ère vulgaire, jour où le soleil était arrivé à l'équinoxe vrai d'automne ; et elle adopta comme étant obligatoire sur tout le territoire français, l'ANNUAIRE dont Romme avait soumis le plan au Comité d'instruction publique.

Dans cet annuaire, l'année commence à l'équinoxe d'automne. Les mois sont tous de 30 jours; et les jours restant pour compléter le nombre de 365 de l'année ordinaire et de 366 les années quaternaires (*années bissextiles* de l'ancien style), étaient consacrés à des fêtes nationales, sous le nom de jours *sans-culottides*, mot de circonstance qui ne tarda pas à être remplacé avec juste raison par celui de jours *complémentaires*.

Le mois était divisé, comme chez les Grecs, en décades, jours de vacations de l'État qui n'étaient rien moins qu'obligatoires pour les particuliers, jours de repos indiqués plutôt qu'imposés aux citoyens travailleurs.

Les noms donnés aux jours de la décade étaient tirés de leur rang d'ordre : PRIMIDI (de *prima dies*), premier jour de chaque décade ; DUODI, second jour ; TRIDI, troisième jour ; QUARTIDI (*quarta dies*), quatrième jour ; QUINTIDI (*quinta dies*), cinquième jour ; SEXTIDI (*sexta dies*), sixième jour ; SEPTIDI (*septima dies*), septième jour ; OCTIDI (*octava dies*), huitième jour ; NONIDI (*nona dies*), neuvième jour ; DECADI (*decima dies*), dixième jour ou DÉCADE.

Chaque saison se comptait de l'un des équinoxes à un des solstices et *vice versâ* et se composait ainsi de trois mois. Les mois de chaque saison ou trimestre avaient une même terminaison spéciale jointe à un radical exprimant le principal phénomène météorologique ou agricole du mois : la terminaison AIRE pour les trois mois d'automne ; ÔSE pour les trois mois d'hiver ; AL pour les trois mois du printemps ; et DOR pour les trois mois de l'été. VENDÉMIAIRE (du 23 septembre au 22 octobre pour la présente année 1866), (de *vindemia*), mois consacré aux vendanges ; BRUMAIRE (du 23 octobre au 21 novembre), mois des brumes ou mois brumeux ; FRIMAIRE, (du 22 novembre au 21 décembre), mois des frimas ou grands froids ; NIVÔSE (du 22 décembre au 20 janvier), (de *nivis*), mois de la neige ; PLUVIÔSE (du

21 janvier au 19 février), mois des pluies ; VENTÔSE (du 20 février au 21 mars pour les années ordinaires), mois des giboulées et du vent) ; GERMINAL (du 22 mars au 20 avril), mois où tout commence à germer ; FLORÉAL (du 21 avril au 20 mai), où tout commence à fleurir ; PRAIRIAL (du 21 mai au 19 juin), mois où l'on fauche les prairies ; MESSIDOR (du 20 juin au 19 juillet) mois de la moisson (*messis* en latin) ; THERMIDOR (du 20 juillet au 18 août), mois des grandes chaleurs (*thermos* en grec) ; FRUCTIDOR (du 19 août au 17 septembre), mois de la maturité des fruits ; à la suite, jours complémentaires (du 18 au 22, ou au 23 septembre les années sextiles). Il ne vous faudra pas grand temps pour voir que cet annuaire concordait avec toutes les époques astronomiques et agricoles, et réglait le temps avec uniformité et exactitude.

La Convention adopta en outre un autre genre d'innovation proposé par le savant Romme, et à laquelle le Comité d'instruction publique avait applaudi d'une voix unanime. Ce fut de remplacer l'indication d'un nom de saint, nom le plus souvent apocryphe, par le nom d'une plante à semer ou à récolter ce jour-là, d'une opération agricole destinée à fertiliser le sol, etc. : Espèce d'AGENDA AGRICOLE et comme de table des matières que chaque instituteur devait traiter en première ligne chaque jour dans le sein de nos écoles primaires. Le *quintidi* portait le nom d'un animal utile et le *decadi* celui d'un instrument aratoire. Les ennemis de notre immortelle Révolution accueillirent de leurs lazzis habituels une pareille innovation ; et ils n'ont cessé depuis de vouloir faire croire que la Convention avait eu en vue de substituer le culte d'une plante, d'un animal et d'un instrument à celui des saints; en sorte que chaque citoyen eût été tenu de changer ses prénoms en celui d'un des objets inscrits sur le Calendrier; que, par exemple, Mlle Cunégonde ou Radegonde se vît forcée de s'appeler Mlle Marjolaine ou Carotte; M. Cucufin, Babylas, Pantaléon, Bonaventure, etc., fût forcé de s'appeler Cerisier ou Navet. Ces braves gens trouvaient mauvais que certains noms si communs en France sans que personne en rie devinssent prénoms : car où ne rencontrait-on pas alors comme aujourd'hui des familles fort estimées de tous et qui portaient les noms de Poirier, Pommier, Froment, Cardon, Chardon, Pinson, Poisson, Requin, Balais, l'Écluse, Moulin, Duchat, Duchien, Cheval, Lebœuf, Hérisson, Lecoq, Dugazon et Cochon même (dont quelques-uns ont cru devoir faire Cochin), Abeille, Maison, Delaporte ou Porte, Duportail, Luchet, Corne, Cornac, Cornu, etc. L'homme fait son nom; par sa conduite, il ennoblit le plus vilain! En prononçant le grand nom de Cicéron, qui va se rappeler qu'il vient de pois chiche (*Cicer* en latin), dont un de ses ancêtres portait comme l'image sur le nez? Un des meilleurs généraux romains s'honorait du sobriquet *Scrofa* (truie), que lui avaient donné ses soldats, en souvenir d'une circonstance de la plus belle de ses victoires. Et d'un autre côté quels noms sont devenus plus illustres que ceux de Corneille et de Racine? Mais enfin il était évident que la Convention n'avait pas même prévu qu'un pareil enfantillage pût entrer dans la plus petite des cervelles humaines du plus fat des muscadins et incroyables du temps. Elle laissait à chaque père le soin de dénommer son enfant comme il l'entendrait; et ce qui est remarquable, c'est que tous les parents donnèrent dès cette époque, à leurs nouveau-nés, au lieu des prénoms empruntés à l'*Agenda agricole* du calendrier, les noms des grands hommes de l'antiquité qui s'étaient distingués par leur dévouement à la patrie et à l'humanité.

L'idée d'un *agenda agricole* dans le but de régler les leçons de chaque jour, était si bien celle de la Convention que, dès la promulgation du décret, Millin (qui venait de changer ses prénoms en celui d'Éleuthérophile ou *ami de la liberté*), joignit à son *annuaire du républicain pour l'an II° de la République*, un cours complet d'économie rurale, renfermant pour chaque jour un petit traité succinct, mais substantiel, sur chaque chose dont le nom est inscrit à l'agenda du calendrier républicain. Ce cours, à l'usage des instituteurs primaires ou des parents, sous le titre de *légende physico-économique*, occupe 354 pages de son livre (1).

§ 5.

Ne croyez pas que ce soient ces lazzis qui aient sug-

(1) *Annuaire du républicain ou légende physico-économique*, avec l'explication des 372 noms imposés aux mois et aux jours; ouvrage dont la lecture journalière peut donner aux jeunes citoyens et rappeler aux hommes faits les connaissances les plus nécessaires à la vie commune et les plus applicables à l'économie domestique et morale, aux arts et au bonheur de l'humanité. *On y a joint le Rapport et l'Instruction du Comité d'instruction publique, dans laquelle se trouve la nouvelle division décimale des jours et des heures*; par Éleuthérophile Millin, professeur de zoologie à la Société d'histoire naturelle et au lycée des Arts; in-12 de (LX-XXXIV) 360 pages. Paris, chez Marie-François Drouhin, rue Christine, n° 2, l'an II de la République française.

(Nous avons eu à cœur de transcrire en entier ce titre si long, afin de couper court aux stupides lazzis que la réaction n'a cessé de propager depuis cette époque.)

géré à Napoléon la malencontreuse idée de rétablir l'absurde calendrier grégorien dont personne ne se souvenait plus en France à cette époque ; c'était tout simplement une concession de plus qu'il faisait au parti prêtre qui le poussait déjà à sa perte, en l'amenant à rétablir peu à peu un passé avec lequel l'origine du pouvoir de Napoléon était incompatible.

Les orateurs du gouvernement, Régnault (de Saint-Jean-d'Angély) et Mounier, chargés de l'épineuse mission de présenter au Sénat les motifs du sénatus-consulte qui rétablissait le Calendrier grégorien à partir du 1er janvier 1806, s'acquittèrent de ce soin, dans la séance du 15 fructidor an XIII (2 septembre 1805), avec des formes de langage et une timidité d'allégations qui démontraient l'effort qu'ils faisaient sur eux-mêmes, pour dissimuler leurs regrets et leur répugnance sous le voile du motif secret de la substitution. Quant au rapporteur de la commission chargée d'examiner les motifs de ce sénatus-consulte, il dut sentir monter plus d'une fois au front du sénateur Laplace le rouge des souvenirs du citoyen Laplace, lui qui avait tant acclamé l'institution du Calendrier républicain, à l'époque où ce savant venait, à la barre de la Convention, jurer haine éternelle à la royauté, en tête d'une députation civique.

Les raisons que ce Sénateur apporta en faveur de l'abolition du Calendrier républicain semblent tout autant d'abjurations de la science et de ces sortes de rétractations que Galilée fut contraint et forcé de faire à genoux, sous la pression manuelle des agents de ce sacré collége des cardinaux qu'a flétris l'histoire.

En effet la seule raison que Laplace alléguait en faveur de son opinion, je ne dirai pas personnelle, c'est que l'intercalation au minuit qui précède l'équinoxe vrai d'automne offrait un inconvénient pour la chronologie ; défaut que, d'après lui, la Convention aurait entrevu elle-même, avec l'intention de le faire plus tard disparaître, ce qui, ajoute-t-il, n'offrait aucune difficulté.

Mais les deux autres motifs qu'il apportait en faveur du rétablissement du *Calendrier grégorien* sont d'une telle futilité, qu'on a de la peine à y croire en le lisant de ses propres yeux.

Le sénateur Laplace osait dire qu'il préférait à la division par décades, la division par semaines ; et cela parce que, d'après lui, *la semaine, depuis la plus haute antiquité, aurait circulé* (sic) *sans interruption à travers les siècles ;* comme s'il avait pu ignorer que la DÉCADE avait circulé dès la plus haute antiquité à travers les siècles de l'histoire grecque ; et comme si une aussi mauvaise raison ne tendait pas à faire substituer au système de Copernic le système de Ptolomée et l'idée que le soleil tourne autour de la terre, idée qui a circulé dès la plus haute antiquité jusqu'à la réhabilitation de la mémoire de Galilée.

La seconde raison que Laplace apporte, fort timidement il est vrai, c'est l'embarras que le *Calendrier républicain* produisait dans les relations extérieures de la France, les nations ennemies ou rivales se refusant à l'adopter. Cette raison militait autant contre le *Calendrier grégorien* que contre le *Calendrier républicain ;* le *Calendrier grégorien* n'ayant été adopté que fort tard en Angleterre, et étant encore aujourd'hui repoussé par la moitié de l'Europe qu'occupe la Russie, par les peuples de l'Afrique et par tous ceux de l'Asie ; tandis qu'à l'époque où parlait Laplace, le

Calendrier républicain était en pleine vigueur, depuis près de treize ans, en Belgique, en Hollande, dans les Deux-Ponts, en Westphalie, dans la Lombardie, dans toute la botte d'Italie, dans les îles Ioniennes, etc., enfin sur toute cette vaste surface de la carte de l'Europe que la France avait soumise à ses lois. Qu'importait du reste à la généralité des Français que les nations ennemies ou rivales n'adoptassent pas son calendrier? cela ne pouvait regarder que le commerce et la diplomatie, qui retrouvent toujours bien le moyen de faire concorder les dates, comme on s'y prend encore à l'égard de la Russie qui ne règle pas ses jours comme nous. Au reste, cette raison impliquait du même coup la nécessité d'abroger notre système décimal, que les nations ennemies ou rivales n'ont pas toutes adopté encore de nos jours. O souplesse et versatilité de l'homme, combien tu fais peine dans un savant!!! tenez, le plus grand obstacle au progrès, c'est le savant obséquieux serviteur du pouvoir!

Les orateurs du gouvernement s'étaient tenus à la hauteur de la science et du sentiment de leur dignité personnelle, alors que Laplace faisait si bon marché de l'une et de l'autre; ils n'épargnaient pas la critique, et une critique sévère, au *Calendrier grégorien*, tout en demandant l'abolition du *Calendrier républicain*, par des motifs de convenance sous lesquels ils dissimulaient les motifs secrets; et ils terminaient leur mission par le vœu suivant qu'il est bon de transcrire:

« Un jour viendra, ne craignaient-ils pas de dire, où l'Europe, calmée, rendue à la paix, à ses conceptions utiles, à ses études savantes, sentira le besoin de perfectionner ses institutions sociales, de rapprocher les peuples, en leur rendant ces institutions communes ; où elle voudra marquer une ère mémorable par une manière générale et plus parfaite de la mesure du temps ; alors un nouveau calendrier pourra se composer pour l'Europe entière, pour l'univers politique et commerçant, des débris perfectionnés de celui auquel la France renonce en ce moment, afin de ne pas s'isoler du milieu de l'Europe. »

Nulle époque, autre que l'époque actuelle, ne nous semble plus propice pour la réalisation de ce vœu ; car nulle époque n'a plus multiplié que la nôtre les points de contact entre les diverses nationalités du globe.

Les savants contemporains de cette première reculade de Laplace, se gardèrent bien de suivre un exemple aussi affligeant, et ils ne se firent pas faute d'appliquer à cette concession l'épithète qu'elle méritait. Sous la Restauration même, alors que l'ambition de Laplace était à son apogée et avait pour cortége une pléiade de complaisants et de flatteurs, alors que le soi-disant libéral François Arago ne se lassait pas d'attaquer de ses pâteux lazzis l'œuvre de la Convention nationale, nous retrouvons un savant utile et classique, L.-B. Francœur, qui, tout professeur qu'il était de la faculté des sciences de Paris et de l'École normale, n'hésitait pas, dès 1818 (en pleine Restauration de 1815), à consigner, dans son *Uranie ou Traité élémentaire d'Astronomie* (pag. 105), la protestation suivante contre le malencontreux rétablissement du *Calendrier grégorien :* « On conçoit difficilement, dit-il, que par respect pour quelques usages du paganisme et par d'autres motifs aussi peu fondés, les hommes se soient soumis à une aussi bizarre convention. La durée inégale des mois, la distribution des épactes, la mobilité des fêtes, tout porte dans ce calendrier le caractère de la plus étrange et la plus inutile complication. Il n'y a pas même jusqu'à l'intercalation qu'on ne soit en état de regarder comme superflue ; cependant soumettons-nous à la volonté générale, jusqu'à ce qu'on ait prononcé un arrêt philosophique. »

C'est pour satisfaire cette volonté générale des personnes qui identifient le *Calendrier grégorien* avec leur culte, que nous le donnons ici en tête avec tout l'appareil de ses moindres détails, tout en ayant soin de mettre en regard l'*Annuaire* et l'*Agenda agricole* du *Calendrier républicain* adapté à cette année.

§ 6.

A la suite de ce double calendrier et sous la rubrique de CALENDRIER MÉTÉOROLOGIQUE, nous avons consacré : la sixième colonne à la concordance des jours du mois lunaire avec les jours du mois solaire des deux calendriers grégorien et républicain; la septième colonne à la notation des phases lunaires; et la huitième à celle des points lunaires et solaires, qui, dans notre *nouveau système de météorologie* (n° IX), sont tout autant d'époques de changement de temps. (Voyez l'explication de l'abréviation des noms de ces époques, et les définitions de leurs dénominations au n° V de ce livre, page 28.)

§ 7.

Comme l'histoire du passé est une grande leçon pour l'avenir, et que son étude philosophique rentre dans le plan de l'éducation de la jeunesse de notre temps, nous avons donné au n° VII un calendrier historique ou éphémérides de certains événements et de certains hommes; c'est un pendant de l'agenda agricole. Car il serait bon que chaque jour, après la leçon d'économie agricole, l'instituteur ou le père de famille exposât l'historique de l'événement ou la vie de l'homme devenu célèbre par son dévouement, par sa science ou par ses méfaits contre le progrès de l'humanité. On apprend presque autant à aimer la vertu, par l'intérêt que nous inspirent les souffrances et l'héroïsme des bons, que par la répulsion que nous causent les succès des méchants. Le nom de ces derniers est suivi sur ce tableau de trois points d'admiration renversés ¡ ¡ ¡. Les noms des hommes célèbres marqués d'un astérisque sont ceux dont le jour de la mort n'a pu être constaté; car nous avons oublié de dire que le jour auquel est inscrit le nom d'un homme est celui de sa mort, dernier jour qui couronne l'œuvre et achève de ranger un mortel dans la catégorie des bons ou des méchants : *L'homme juste*, dit un ancien sage de la Grèce, *est celui qui est mort avant d'avoir failli.*

§ 6.

A la suite de ces éphémérides historiques, nous donnons le *spécimen* d'une leçon ou légende; le sujet en est emprunté cette année au 18 *juin* 1815, WATERLOO ¡ ¡ ¡

Pourquoi ce sujet plutôt qu'un autre? C'est que ce grand désastre est encore palpitant d'intérêt, et que bien des gens compromis en perpétuent l'insulte à l'adresse de ce nom français qui les a toujours fait trembler. Je suis de cette époque, plus compétent que personne pour en parler; j'ai visité plus de dix fois le champ de bataille de Mont-Saint-Jean et j'ai pu juger ainsi de la valeur des assertions que les ennemis de la France et quelques-uns de ses enfants dégénérés ont à l'envi émises pour dénaturer les faits de cette lugubre époque.

Si jamais vous vous rendez de Bruxelles à Waterloo, vous ne manquerez pas de rencontrer sur votre route une cargaison ambulante d'Anglais à allures excentriques à qui mieux mieux, et de miladys plus caricaturisées que de coutume par la nature, des John-Bull enfin gros, courtauds, (à faces rondes comme une boule, joufflues et rubicondes comme celles des moines et capucins), ou bien efflanqués et longs comme des perches. Tous ces gens-là semblent lorgner au passage un Français, comme pour lui dire : *nous allons à bride abattue à Waterloo en vue d'y jeter encore aujourd'hui un défi et une insulte à la France, ta patrie.* Au débotté, vous verrez s'abattre autour de ces arrivants *aho!* une nuée de gamins et de barbons qui prennent le nom de guides, venant servir de *cicerone* à ces pacifiques provocateurs. — Milord, ici, mon père, qui a été guide comme moi, a vu un *horse-guard* manger huit cuirassiers français. — Aho ! une guinée à ce brave guide ! — Milady, voilà une balle (calibre anglais) qu'on a trouvée dans la poitrine d'un soldat de la garde. — Aho ! combien de la balle ? — Milady, j'en ai refusé une guinée. — Moi t'en donner deux. — Pour vous faire plaisir, Milady, je vous la cède à ce prix ; c'est un cadeau.

Et c'est de cette manière que toutes les friperies de la grand'place de Bruxelles se vendent au poids de l'or à Waterloo, baptisées d'une circonstance quelconque de la bataille.

La porte de la ferme d'Hoogmont, que les Français enfoncèrent à coups de crosse, s'est renouvelée cinq à six fois depuis cette époque, dépecée de jour en jour en petits morceaux que les Anglais achètent, à des prix fous, comme les papistes payent les reliques de la vraie croix. On cite un malin Wallon qui a vendu trois fois le clou auquel Napoléon avait accroché son petit chapeau, et qui garde encore en sa possession le véritable comme une relique. Avec le prix de la vente de ces trois clous apocryphes, il a marié chaque fois une de ses filles.

Enfin on n'en finirait plus si l'on voulait énumérer les mille et mille espiègleries avec lesquelles les Wallons, qui sont Français par le cœur, s'amusent du béotisme de ces gros, gras, maigres et efflanqués aristocrates ou valets anglais, insulteurs de notre gloire, et qu'il ne faut pas confondre avec le soldat ou le peuple anglais, peuple libre, travailleur, fort et fier, mais juste appréciateur du mérite.

Ce que je dis ici n'est qu'à l'adresse des sots et rétrogrades, et chaque nation a les siens. Seulement en France nous n'en avons pas de l'espèce des touristes de Waterloo ; car, si ce genre de fétichisme pour les reliques de nos victoires se traduisait chez nous en tourisme, nous aurions une capitale et une grande ville à visiter chaque jour de l'année, Londres y compris, puisque c'est un Français, le Normand Guillaume le Conquérant, qui a fait la conquête de l'Angleterre et remplacé la noblesse saxonne par tous les artisans français qui le suivirent, et qu'il récompensa d'un des fiefs de la Grande-Bretagne ; d'où vient que les nobles anglais d'aujourd'hui ont, presque tous, des noms dérivés du vieux langage français.

La leçon que je donne est dure, mais elle n'est pas imméritée; elle n'est que tardive.

§ 9.

Le n° IX de cet almanach est exclusivement consacré à l'exposition du *système de météorologie* que nous avons fondé sur une série d'observations diurnes et nocturnes qui datent de seize ans et dont la publication, dans notre *Revue complémentaire des Sciences*, a donné une si grande impulsion aux études météorologiques qu'elle a entraîné dans le mouvement de cet ordre d'idées et les Académies et notre Observatoire jusquelà récalcitrant et incrédule. A l'aide de ce petit traité et de l'application des principes qui y sont succinctement développés aux indications du *Calendrier météorologique* qui fait partie du triple Calendrier, on finira par acquérir cette faculté d'appréciation qui permet de prévoir avec une grande probabilité, à moins qu'il ne survienne une comète, les changements de temps, les jours de calme et de tempête, de pluie et de beau temps.

§ 10.

Dans le n° X nous indiquons pour chaque mois, d'après ces principes, les époques de mauvais temps et des fortes marées.

§ 11.

Nos observations et la théorie de notre système cosmogonique, nous ont amené à admettre que les variations barométriques, d'où découle le retour de la pluie et du beau temps, sont la conséquence mécanique du refoulement de l'atmosphère éthérée de la terre par le cours du soleil et surtout de celui de la lune. Or la lune revenant tous les 19 ans à peu près au même point du ciel par rapport à la terre, il doit en résulter, pour deux années distantes entre elles de 19 ans, une conformité presque journalière, quant aux phénomènes météorologiques.

Grand-Jean de Fouchy, de l'Observatoire de Paris, avait entrevu ce retour périodique des phénomènes quant à la température; il l'avait signalé en 1764 à l'abbé Cotte, qui jeune encore lui avait paru doué d'une disposition toute particulière pour les études météorologiques.

De son côté, et avant ces deux savants, Toaldo, astronome et météorologue distingué des États vénitiens, avait cru remarquer que la quantité de pluie était toujours plus forte aux périgées qu'aux apogées de la lune, et comme le retour de ces points lunaires au même point du ciel, par rapport à la terre, arrive tous les 9 ans à peu près, il avait adopté, en vue de plus de précision, la période de 18 ans, pour la prévision de ce genre de phénomènes, c'est-à-dire pour fixer d'avance, au moins approximativement, les quantités de pluie dont chaque mois d'une année donnée pourrait être affecté.

§ 12.

Ces savants basaient, chacun de leur côté, ces axiomes et leurs applications sur le dépouillement des observations météorologiques; ils faisaient en cela de la pure statistique, science dont le mirage en chiffres est reconnu aujourd'hui par les bons esprits comme étant infiniment trompeur. Quant au mode et au mécanisme de l'influence de la lune, ils n'avaient alors à ce sujet que des idées confuses qu'ils tâchaient de combiner avec le système séduisant, mais absurde au fond, de l'attraction Newtonienne. Cette influence n'était ainsi à leurs yeux qu'une influence mystérieuse, occulte et qui paraissait en opposition ormelle avec les lois de la mécanique ordinaire; et c'est ce point de doctrine nullement élucidé, alors, qui avait fini par jeter dans le discrédit les études météorologiques.

Le père Cotte ne s'était pas aperçu, dans ce dépouillement statistique et cette comparaison des années distantes de 19 ans, combien l'apparition d'une comète dans une ou deux de ces années devait induire en erreur sur l'évaluation de la température d'une autre année future. D'un autre côté, l'idée de Toaldo se trouvait entachée du même vice d'appréciation; en outre, et par suite de la vraie théorie de la pluie, la prévision devait se trouver en défaut; car la quantité de pluie dépendant du volume et de la conformation du nuage, deux circonstances qui varient à l'infini et d'instant en instant, la quantité de pluie qui tombe dans le retour d'une époque pluvieuse, ne saurait jamais être la même et elle est en état de varier dans les plus grandes limites.

Dans l'intérêt des études météorologiques, nous n'en donnerons pas moins au n° XI l'extrait du tableau que l'abbé Cotte avait dressé en 1804, en ce qui concerne l'année 1866.

§ 13.

Enfin dans le n° XII, nous plaçons le tableau des observations recueillies à l'observatoire de Paris, en l'année 1809, année qui, dans le cycle de 19 ans, correspond à notre année 1866; il est probable que les époques lunaires des deux années offriront une certaine conformité, dans les phénomènes atmosphériques, et qu'à l'aide de l'interprétation de notre calendrier météorologique n° VI, combiné avec les observations météorologiques faites en 1809 à l'observatoire de Paris, on pourra prévoir avec une grande approximation les phénomènes journaliers de l'année 1866, pour la circonscription de Paris. Quant aux autres circonscriptions, on aura recours au dépouillement jour par jour des observations qui auront été recueillies dans chaque localité en l'année 1809 et au besoin aux années correspondantes 1828 et 1847, en tenant compte des différences respectives entre les époques des *périgées* et des *apogées*.

§ 14.

Ce petit livre n'est pas destiné à amuser des loisirs, mais seulement à instruire. C'est un ouvrage sérieux qui ne s'adresse qu'à des hommes sérieux plus occupés de cultiver leur intelligence que leur imagination. C'est dans ce sens qu'il progressera tous les ans; et ceux qui confronteront l'almanach de 1866 à celui de 1865, nous rendront cette justice que sous se rapport l'*Almanach* de 1866 n'est pas resté en arrière. L'enseignement de la météorologie a augmenté de plus du double.

§ 15.

En un mot, ce petit livre est destiné à mettre à la portée de tout le monde, mais surtout à la portée des marins et des cultivateurs, les principaux résultats d'un nouveau système de prévoir le temps, fondé sur 17 ans d'observation de jour et de nuit; système dont la publication, qui date de 1854, a donné à l'étude de la météorologie la grande impulsion actuelle, et cette vogue d'imitations et de reproductions dont le mercantilisme a tant abusé par la réclame et par le merveilleux. Les sages, en innovant, ne tardent pas à être suivis par les Triboulets qui amusent la foule et par les Prophètes qui en exploitent la crédulité. De là vient que la météorologie, devenue science positive, a fini par avoir ses marabouts, ses Balaam, ses Élie et qui plus est ses Élisée.

Nous ne sommes nous qu'un observateur modeste et sérieux; nous ne prétendons qu'à trouver des lecteurs sérieux. Nous leur traçons la voie à suivre dans l'étude des phénomènes du ciel, et ne voulons en rien être cru sur parole et en vertu du principe d'autorité.

Lisez-nous; discutez-nous et observez comme nous : c'est là l'unique moyen de perfectionner de jour en jour cette science rajeunie depuis environ dix-sept ans.

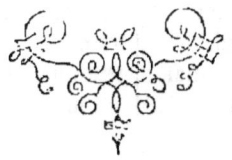

N° I

COMPUT COMPARATIF POUR L'ANNÉE 1866.

L'année 1866 correspond :

Aux neuf derniers mois de l'an LXXIV et aux trois premiers mois de l'an LXXV de l'ère républicaine (qui remonte au 22 septembre 1792);

A l'année 6579 de la période julienne ;

A la 2642ᵉ des Olympiades ou à la 2ᵉ année de la 661ᵉ olympiade ;

A l'année 2619 de la fondation de Rome ;

A l'année 1282 des Turcs ou de l'Hégire pour les cinq premiers mois et à l'année 1283 pour les sept autres.

N° II

COMPUT ECCLÉSIASTIQUE.		QUATRE-TEMPS.	
Nombre d'or en 1866....	5	Février.........	21, 23 et 24
Épacte................	XIV	Mai............	23, 25 et 26
Cycle solaire...........	27	Septembre......	19, 21 et 22
Indiction romaine.......	9	Décembre.......	19, 21 et 22
Lettre dominicale.......	G		

FÊTES MOBILES DU CALENDRIER CATHOLIQUE OU GRÉGORIEN.

Septuagésime.	28 janvier.	Pentecôte.........	20 mai.
Cendres......	14 février.	Trinité............	27 mai.
Pâques (1)...	1ᵉʳ avril.	Fête-Dieu.........	31 mai.
Rogations....	7, 8 et 9 mai.	1ᵉʳ dimanche de l'A-	
Ascension....	10 mai.	vent.............	2 déc.

(1) La Pâque des Israélites tombe, cette année 1866, le 30 mars, qui coïncide avec le 14ᵉ jour de la lune (pleine lune) ou plutôt

N° III

COMMENCEMENT DES QUATRE SAISONS.

Printemps....	le 20 mars	à 8 h. 4 m. du soir.	⎫
Été.........	le 21 juin	à 4 h. 43 m. du soir.	⎬ Temps moyen de Paris.
Automne.....	le 23 septembre	à 6 h. 59 m. du matin	⎬
Hiver........	le 22 décembre	à 0,59 m. du matin.	⎭

N° IV

ÉCLIPSES EN 1866.

Il y aura en 1866 trois éclipses de soleil et deux éclipses de lune :

Le 16 mars, éclipse partielle de soleil invisible à Paris.

Le 31 mars, éclipse totale de lune en partie visible à Paris de $2^h 47^m$ à $5^h 44^m$ du matin.

Le 15 avril, éclipse partielle de soleil invisible à Paris.

Le 24 septembre, éclipse totale de lune invisible à Paris.

Le 8 octobre, éclipse partielle de soleil en partie visible à Paris de $4^h 43^m$ à $5^h 24^m$ du soir; trois quarts d'heure seulement avant le coucher du soleil.

le 31 mars, le point juste de la pleine lune arrivant le 31 à 4 h. 41 m. du matin. Pour les catholiques, elle ne tombera que le 1er avril; car afin de ne pas célébrer cette fête en même temps que les Juifs, ils la transportent au dimanche qui suit le 14 de la lune de mars : inconséquence de l'intolérance de la part de gens qui tiennent tant à marcher sur les traces de Jésus de Nazareth. Car Jésus, qui est mort juif, avait chaque année célébré la Pâque le 14 de la lune la plus proche de l'équinoxe, en même temps que ses coréligionnaires.

N° **V**

EXPLICATION DES ABRÉVIATIONS ET SIGNIFICATION DES MOTS EMPLOYÉS DANS LES DIVERS CALENDRIERS DE CE LIVRE.

Conjug. — Conjugaison, époque à laquelle la lune et le soleil sont dans le plan du même degré de latitude terrestre, c'est-à-dire au même degré de déclinaison.

Eq. L. — Equilune, époque à laquelle la lune se trouve sur la ligne équinoxiale ou équateur, c'est-à-dire à 0° de déclinaison.

Equinoxe. — Époque à laquelle le soleil se trouve sur la ligne équinoxiale, c'est-à-dire à 0° de déclinaison, de manière que les nuits (*noctes*) soient égales (*æquæ*) aux jours. Le soleil passe deux fois chaque année sur cette ligne; l'une qui détermine le commencement de la saison du printemps (*équinoxe du printemps*) et l'autre celui de la saison d'automne (*équinoxe d'automne*).

L. A. — Lunestice austral, époque à laquelle la lune a atteint son plus haut degré de déclinaison ou sa plus grande distance de l'équateur dans la région australe du ciel.

L. B. — Lunestice boréal, époque à laquelle la lune a atteint son plus haut degré de déclinaison ou sa plus grande distance de l'équateur dans la région boréale du ciel.

N. L. — Nouvelle lune (*néoménie*), lune en conjonction avec le soleil; époque où la lune et le soleil se trouvent sur la même longitude.

P. L. — Pleine lune, lune en opposition diamétrale

avec le soleil, c'est-à-dire se trouvant à 180° de la longitude du soleil.

N. B. On appelle ces deux phases les Syzygies.

P. Q. — Premier quartier, époque où la lune passe au méridien à 6ʰ du soir, et où sa moitié éclairée regarde le couchant.

D. Q. — Dernier quartier, époque où la lune passe au méridien à 6ʰ du matin et où sa moitié éclairée regarde le levant.

N. B. Dans les quartiers, les longitudes de la lune et du soleil diffèrent de 90°; on les appelle aussi les quadratures, vu que la distance de 90° est le quart du cercle divisé en 360°.

Solstice. — Époque où le soleil a atteint son plus haut degré de déclinaison, c'est-à-dire sa plus grande distance de la ligne équinoxiale, soit dans la région boréale (*solstice d'été* où commence la saison de l'été), soit dans la région australe (*solstice d'hiver* où commence la saison de l'hiver).

Apogée. — Époque où le soleil et la lune sont à leur plus grande distance de la terre.

Périgée. — Époque où le soleil et la lune sont à leur moindre distance de la terre. Dans le Calendrier météorologique, ces deux indications ne s'appliquent qu'à la lune. Les périgées et apogées reviennent à peu près aux mêmes époques de l'année solaire tous les 9 ans, ou mieux tous les 18 ans.

j. = Jour.
h. = Heure.
m. = Minute.
° (en haut d'un chiffre) = Degré de la division adoptée

pour la mesure du cercle ou d'un instrument météorologique. — Exemple : 20° de lat. = vingtième degré du cercle méridien divisé en 360 parties égales ; — 20° centigrade = vingtième degré du tube thermométrique sur lequel la distance du point de la glace fondante au point d'ébullition a été divisée en cent parties égales.

Phases. — Ce mot qui signifie en grec *opparences* sert à désigner les *syzygies* et les *quadratures*, ces quatre principaux aspects de la lune.

Points lunaires. — Ce mot désigne, outre la conjugaison, les positions de la lune qui sont analogues aux équinoxes et aux solstices.

Bar. — Baromètre, instrument destiné à mesurer la hauteur ou pesanteur de la colonne ou cône atmosphérique, par la hauteur de la colonne de mercure qui lui fait contre-poids (du grec *baros* pesanteur et *metron* mesure).

Ther. — Thermomètre, instrument destiné à évaluer l'élévation ou l'abaissement de la température de l'air (de *thermè* chaleur et *metron* mesure).

Météorologique (Calendrier). — Partie du calendrier qui indique les phases et les points lunaires, comme points de repère pour prévoir avec une certaine probabilité les changements et phénomènes atmosphériques.

Mois solaire. — Nombre de jours variable de 28 à 31 dans le Calendrier grégorien ou Calendrier catholique, et invariable (de 30 jours) dans le Calendrier républicain.

Mois lunaire synodique. — Nombre de jours et heures

que la lune met à revenir en conjonction avec le soleil; ces mois lunaires sont presque alternativement de 29 et de 30 jours dans les calendriers, vu que le mois synodique est de 29 jours $12^h 44^m$ environ.

Mois lunaire périodique. — Nombre de jours et heures que la lune met à faire le tour du zodiaque, c'est-à-dire à revenir au point du zodiaque d'où elle était partie. Ce mois est de 27 jours $7^h 45^m$ environ. C'est pour nous le vrai mois météorologique, celui qui reproduit aux mêmes époques les mêmes dépressions atmosphériques, c'est-à-dire qui détermine les mêmes tendances à l'élévation ou à l'abaissement de la colonne barométrique. Il est rationnel de le compter d'un lunestice austral (L. A.) à l'autre. Les lunestices reviennent à peu près aux mêmes époques de l'année solaire tous les 19 ans.

N° **VI**

CONCORDANCE

ou

TRIPLE CALENDRIER

GRÉGORIEN,

RÉPUBLICAIN

ET

MÉTÉOROLOGIQUE (1);

POUR L'ANNÉE 1866.

---

(1) Le *Calendrier grégorien* est le calendrier légal en France depuis 1806. Le *Calendrier républicain* a été le calendrier légal de 1792, ou plutôt 1793, jusqu'en 1806 : c'est-à-dire pendant près de treize ans d'exercice sur toute l'étendue du territoire français d'alors.

— 34 —

An 1866. CALENDRIER GRÉGORIEN.		An LXXIV. CALENDRIER RÉPUBLICAIN ET AGENDA AGRICOLE.			CALENDRIER MÉTÉOROLOG.		
					J lunair.	Phases lunaires	Points lunaires et solaires.
JANVIER.		**NIVOSE** (AN LXXIV).					
1 lundi	Circoncision.	11	prim.	Poix.	15	P.L.	
2 mar.	st Basile, év.	12	duodi.	Argile.	16		
3 mer.	Se Geneviév.	13	tridi.	Ardoise.	17		
4 jeudi	st Rigobert.	14	quart.	Grès.	18		
5 ven.	st Siméon.	15	quint.	Lapin.	19		
6 sam.	les Rois.	16	sextidi.	Silex.	20		
7 dim.	se Melanie.	17	septidi.	Marne.	21		Eq. L.
8 lundi	st Lucien.	18	octidi.	Pier. à chaux	22	D.Q.	
9 mar.	st Pierre, év.	19	nonidi.	Marbre.	23		Apogée.
10 mer.	st Paul, erm.	20	DÉCADI.	Van.	24		
11 jeudi	st Théodose.	21	prim.	Pier. à plâtr.	25		
12 ven.	st Arcade, m.	22	duodi.	Sel.	26		
13 sam.	Bapt. de J.-C.	23	tridi.	Fer.	27		
14 dim.	st Hilaire, év.	24	quart.	Cuivre.	28		L. A.
15 lundi	st Maur, abbé	25	quint.	Chat.	29		
16 mar.	st Guillaume.	26	sextidi.	Etain.	30	N.L.	
17 mer.	st Antoin. ab.	27	septidi.	Plomb.	1		
18 jeudi	Ch. des. Pier.	28	octidi.	Zinc.	2		
19 ven.	st Sulpice, év.	29	nonidi.	Mercure.	3		
20 sam.	st Sébastien.	30	DÉCADI.	Crible.	4		
PLUVIOSE							
21 dim.	se Agnès, v.	1	prim.	Lauréole.	5		Eq. L.
22 lundi	st Vincent.	2	duodi.	Mousse.	6		
23 mar.	st Ildefonse.	3	tridi.	Fragon.	7	P.Q.	Périgée.
24 mer.	st Babylas.	4	quart.	Perce-neige.	8		
25 jeudi	Co. de s. Paul	5	quint.	Taureau.	9		
26 ven.	se Paule, ve.	6	sextidi.	Laur.-thym.	10		
27 sam.	st Julien, év.	7	septidi.	Amadouvier	11		L. B.
28 dim.	Septuagésime	8	octidi.	Mézéréon.	12		
29 lundi	st F. de Sales	9	nonidi.	Peuplier.	13		
30 mar.	se Bathilde.	10	DÉCADI.	Coignée.	14	P.L.	
31 mer.	se Marcelle.	11	prim.	Ellébore.	15		

Phases lunaires.
P. L. le 1 à 6 h. 57 m. du m.
D.Q. le 8 à 9 h. 46 m. du s.
N.L. le 16 à 8 h. 46 m. du s.
P.Q. le 23 à 9 h. 3 m. du s.
P. L. le 30 à 8 h. 38 m. du s.

Points lunaires.
Eq. L. le 7 à 1 h. du m.   Eq. L. le 21 à 5 h. du m.
L. A. le 14 à midi.   L. B. le 27 à 3 h. du s.

An 1866.		An LXXIV.				CALENDRIER MÉTÉOROLOG.	
CALENDRIER GRÉGORIEN.		CALENDRIER RÉPUBLICAIN ET AGENDA AGRICOLE.			J. lunair.	Phases lunaires	Points lunaires et solaires.
FÉVRIER.		**PLUVIOSE.**					
1	jeudi	st Ignace.	12	duodi.	Brocoli.	16		
2	ven.	Purification.	13	tridi.	Laurier.	17		
3	sam.	st Blaise.	14	quart.	Aveline.	18		Eq. L.
4	dim.	st Gilbert.	15	quint.	Vache.	19		
5	lundi	se Agathe.	16	sextidi.	Buis.	20		
6	mar.	st Waast, év.	17	septidi.	Lichen.	21		Apogée.
7	mer.	st Romuald.	18	octidi.	If.	22	D.Q.	Conjug.
8	jeudi	st Jean de M.	19	nonidi.	Pulmonaire.	23		
9	ven.	se Apolline.	20	DÉCADI.	SERPETTE.	24		
10	sam.	se Scholastiq.	21	prim.	Thlaspic.	25		L. A.
11	dim.	st Séverin.	22	duodi.	Thymélée.	26		
12	lundi	st Mélèze.	23	tridi.	Chiendent.	27		
13	mar.	st Grégoire.	24	quart.	Trainasse.	28		
14	mer.	*Cendres.*	25	quint.	Lièvre.	29		Conjug.
15	jeudi	st Faustin.	26	sextidi.	Guède.	1	N.L.	
16	ven.	st Flavien.	27	septidi.	Noisetier.	2		
17	sam.	st Théodule.	28	octidi.	Ciclamen.	3		Eq. L.
18	dim.	st Siméon.	29	nonidi.	Chélidoine.	4		Périgée.
19	lundi	st Boniface.	30	DÉCADI.	TRAINEAU	5		
			VENTOSE.					
20	mar.	st Eleuthère.	1	prim.	Tussilage.	6		
21	mer.	st Pépin.	2	duodi.	Cornouiller.	7		
22	jeudi	se Isabelle.	3	tridi.	Violier.	8	P.Q.	
23	ven.	st Méraut.	4	quart.	Troène.	9		L. B.
24	sam.	st Mathias.	5	quint.	Bouc.	10		
25	dim.	st Nicéphore.	6	sextidi.	Asaret.	11		
26	lundi	st Nestor.	7	septidi.	Alaterne.	12		
27	mar.	st Léandre.	8	octidi.	Violette.	13		
28	mer.	se Honorine.	9	nonidi.	Marceau.	14		

Phases lunaires.

D. Q. le 7 à 7 h. 49 m. du s.
N. L. le 15 à 10 h. 22 m. du m.
P. Q. le 22 à 4 h. 37 m. du m.

Points lunaires.

Eq. L. le 3 à 11 h. du m.
Conj. le 8 vers 4 h. du m.
L. A. le 10 à 10 h. du s.

Conj. le 14 vers 9 h. du m.
Eq. L. le 17 à 1 h. du s.
L. B. le 23 à 9 h. du s.

An 1866.
CALENDRIER GRÉGORIEN.

An LXXIV.
CALENDRIER RÉPUBLICAIN ET AGENDA AGRICOLE.

CALENDRIER MÉTÉOROLOG.
Points lunaires et solaires.

MARS. — VENTOSE.

1	jeudi	st Aubin.	10	DÉCADI.	BÊCHE.	15	P.L.	
2	ven.	st Simplice.	11	prim.	Narcisse.	16		Eq. L.
3	sam.	se Cunégonde	12	duodi.	Orme.	17		
4	dim.	st Casimir.	13	tridi.	Fumeterre.	18		Conjug.
5	lundi	st Théophile.	14	quart.	Vélar.	19		
6	mar.	se Colette.	15	quint.	CHÈVRE.	20		Apogée.
7	mer.	st Thom. d'A.	16	sextidi.	Epinard.	21		
8	jeudi	st J. de Dieu.	17	septidi.	Doronic.	22		
9	ven.	se Françoise.	18	octidi.	Mouron.	23	D.Q.	
10	sam.	st Droctovée.	19	nonidi.	Cerfeuil.	24		L. A.
11	dim.	st Euloge.	20	DÉCADI.	CORDEAU.	25		
12	lundi	st Grégoire.	21	prim.	Mandragore	26		
13	mar.	se Euphrasie.	22	duodi.	Persil.	27		
14	mer.	st Lubin, év.	23	tridi.	Cochléaria.	28		
15	jeudi	st Zacharie.	24	quart.	Pâquerette.	29		Eq. L.
16	ven.	st Cyriaque.	25	quint.	THON.	30	N.L.	Conjug.
17	sam.	se Gertrude.	26	sextidi.	Pissenlit.	1		
18	dim.	st Alexandre.	27	septidi.	Sylvie.	2		Périgée.
19	lundi	st Joseph.	28	octidi.	Capillaire.	3		Equinox.
20	mar.	st Joachim.	29	nonidi.	Frêne.	4		de Prin.
21	mer.	st Benoît, p.	30	DÉCADI.	PLANTOIR.	5		

GERMINAL.

22	jeudi	st Emile.	1	prim.	Primevère.	6		
23	ven.	st Victorien.	2	duodi.	Platane.	7	P.Q.	L. B.
24	sam.	st Simon, m.	3	tridi.	Asperge.	8		
25	dim.	se Berthe.	4	quart.	Tulipe.	9		
26	lundi	st Ludgar.	5	quint.	POULE.	10		
27	mar.	st Jean, erm.	6	sextidi.	Bette.	11		
28	mer.	st Gontran.	7	septidi.	Bouleau.	12		
29	jeudi	st Marc, év.	8	octidi.	Jonquille.	13		
30	ven.	st Rieul.	9	nonidi.	Aulne.	14		Eq. L.
31	sam.	se Balbine.	10	DÉCADI.	COUVOIR.	15	P.L.	Écl. lun.

Phases lunaires.
P. L. le 1 à 0 h. 2 m. du s.
D. Q. le 9 à 4 h. 2 m. du s.
N. L. le 16 à 9 h. 46 m. du s.
P. Q. le 23 à 1 h. 12 m. du s.
P. L. le 31 à 4 h. 41 m. du m.

Points lunaires.
Eq. L. le 2 à 7 h. du soir.
Conj. le 4 vers 1 h. du s.
L. A. le 10 à 7 h. du m.
Conj. le 16 vers 3 h. du s.

Eq. L. le 16 à 11 h. du soir.
L. B. le 23 à 3 h. du m.
Eq. L. le 30 à 2 h. du m.

— 37 —

An 1866. CALENDRIER GRÉGORIEN.	An LXXIV. CALENDRIER RÉPUBLICAIN ET AGENDA AGRICOLE.	J. lunair.	Phases lunaires	CALENDRIER MÉTÉOROLOG. Points lunaires et solaires.	
AVRIL		**GERMINAL**			
1 dim.	PAQUES.	11 prim.	Pervenche.	16		
2 lundi	st Fr. de Paul	12 duodi.	Charme.	17		Apogée.
3 mar.	st Richard.	13 tridi.	Morille.	18		
4 mer.	st Ambroise.	14 quart.	Hêtre.	19		
5 jeudi	st Gérard.	15 quint.	ABEILLE.	20		
6 ven.	se Prudence.	16 sextidi.	Laitue.	21		L. A.
7 sam.	st Romuald.	17 septidi.	Mélèze.	22		
8 dim.	st Edèse.	18 octidi.	Ciguë.	23	D.Q.	
9 lundi	se Marie Egy.	19 nonidi.	Radis.	24		
10 mar.	st Macaire.	20 DÉCADI.	RUCHE.	25		
11 mer.	st Léon, pape	21 prim.	Gaînier.	26		
12 jeudi	st Jules, pape	22 duodi.	Romaine.	27		
13 ven.	st Marcellin.	23 tridi.	Marronnier.	28		Eq. L.
14 sam.	st Tiburce.	24 quart.	Roquette.	29		Périgée.
15 dim.	st Maxime.	25 quint.	PIGEON.	1	N.L.	Éc. de s.
16 lundi	st Paterne.	26 sextidi.	Lilas.	2		Conjug.
17 mar.	st Anicet, p.	27 septidi.	Anémone.	3		
18 mer.	st Parfait, pr.	28 octidi.	Pensée.	4		
19 jeudi	st Timon.	29 nonidi.	Myrtille.	5		L. B.
20 ven.	st Théodore.	30 DÉCADI.	GREFFOIR.	6		
		FLORÉAL			
21 sam.	st Anselme.	1 prim.	Rose.	7	P.Q.	
22 dim.	se Opportune	2 duodi.	Chêne.	8		Conjug.
23 lundi	st Georges, m.	3 tridi.	Fougère.	9		
24 mar.	st Léger.	4 quart.	Aubépine.	10		
25 mer.	st Marc, év.	5 quint.	ROSSIGNOL.	11		
26 jeudi	st Clet, pape.	6 sextidi.	Ancolie.	12		Eq. L.
27 ven.	st Polycarpe.	7 septidi.	Muguet.	13		
28 sam.	st Vital, mar.	8 octidi.	Champign.	14		
29 dim.	st Robert, ab.	9 nonidi.	Hyacinthe.	15	P.L.	Apogée.
30 lundi	st Eutrope.	10 DÉCADI.	RATEAU.	16		

Phases lunaires.
D.Q. le 8 à 8 h. 51 m. du m.
N.L. le 15 à 7 h. 12 m. du m.
P.Q. le 21 à 10 h. 40 m. du s.
P.L. le 29 à 9 h. 32 m. du s.

Points lunaires.
L. A. le 6 à 3 h. du s. | L. B. le 19 à 10 h. du m.
Eq. L. le 13 à 10 h. du mat. | Conj. le 22 vers 11 h. du s.
Conj. le 15 vers 3 h. du s. | Eq. L. le 26 à 8 h. du m.

An 1866.		An LXXIV.			Phases lunaires	CALENDRIER MÉTÉOROLOG.
CALENDRIER GRÉGORIEN.		CALENDRIER RÉPUBLICAIN ET AGENDA AGRICOLE.		J. lunaire		Points lunaires et solaires.
MAI		**FLORÉAL**				
1 mar.	st Jacq.s.Phil.	11 prim.	Rhubarbe.	17		
2 mer.	st Athanase.	12 duodi.	Sainfoin.	18		
3 jeudi	Inv. se Croix.	13 tridi.	Bouton-d'or.	19		L. A.
4 ven.	se Monique.	14 quart.	Chamérisier	20		
5 sam.	C. st Augustin	15 quint.	VER A SOIE	21		
6 dim.	st J. P. L.	16 sextidi.	Consoude.	22		
7 lundi	st Stanislas.	17 septidi.	Pimprenelle	23	D.Q.	
8 mar.	st Désiré, év.	18 octidi.	Corbeil. d'or	24		
9 mer.	st Hermas.	19 nonidi.	Arroche.	25		
10 jeudi	Ascension.	20 décadi.	SARCLOIR.	26		Eq. L.
11 ven.	st Mamert.	21 prim.	Statice.	27		
12 sam.	st Epiphane.	22 duodi.	Fritillaire.	28		
13 dim.	st Servais.	23 tridi.	Bourrache.	29		Périgée.
14 lundi	st Boniface.	24 quart.	Valériane.	30	N.L.	
15 mar.	st Isidore.	25 quint.	CARPE.	1		
16 mer.	st Honoré.	26 sextidi.	Fusain.	2		L. B.
17 jeudi	st Pascal.	27 septidi.	Civette.	3		
18 ven.	st Eric, roi.	28 octidi.	Buglose.	4		
19 sam.	st Yves.	29 nonidi.	Sénevé.	5		
20 dim.	Pentecôte.	30 décadi.	HOULETTE	6		
PRAIRIAL						
21 lundi	st Hospice.	1 prim.	Luzerne.	7	P.Q.	
22 mar.	se Hélène.	2 duodi.	Hémérocall.	8		
23 mer.	st Didier.	3 tridi.	Trèfle.	9		Eq. L.
24 jeudi	st Donatien.	4 quart.	Angélique.	10		
25 ven.	st Urbain.	5 quint.	CANARD.	11		
26 sam.	st Quadrat.	6 sextidi.	Mélisse.	12		
27 dim.	Trinité.	7 septidi.	Fromental.	13		Apogée.
28 lundi	st Germ., év.	8 octidi.	Martagon.	14		
29 mar.	st Maxime.	9 nonidi.	Serpolet.	15	P.L.	
30 mer.	se Emmélie.	10 décadi.	FAULX.	16		
31 jeudi	Fête-Dieu.	11 prim.	Fraise.	17		L. A.

Phases lunaires.
D. Q. le 7 à 9 h. 51 m. du s.
N. L. le 14 à 5 h. 7 m. du s.
P. Q. le 21 à 10 h. 7 m. du m.
P. L. le 29 à 1 h. 27 m. du s.

Points lunaires.
L. A. le 3 à 10 h. du soir.
Eq. L. le 10 à 8 h. du s.
L. B. le 16 à 8 h. du soir.
Eq. L. le 23 à 3 h. du soir.
L. A. le 31 à 4 h. du mat.

— 39 —

An 1866. CALENDRIER GRÉGORIEN.	An LXXIV. CALENDRIER RÉPUBLICAIN ET AGENDA AGRICOLE.	J. lunair.	Phases lunaires	CALENDRIER MÉTÉOROLOG. Points lunaires et solaires.
JUIN	**PRAIRIAL**			
1 ven. st Pamphile.	12 duodi. Bétoine.	18		
2 sam. st Pothin.	13 tridi. Pois.	19		
3 dim. sᵉ Clotilde.	14 quart. Acacia.	20		
4 lundi st Optat.	15 quint. CAILLE.	21		
5 mar. st Genès.	16 sextidi. OEillet.	22		
6 mer. st Claude, év.	17 septidi. Sureau.	23	D.Q.	
7 jeudi st Lié.	18 octidi. Pavot.	24		Eq. L.
8 ven. st Médard.	19 nonidi. Tilleul.	25		
9 sam. sᵉ Marianne.	20 DÉCADI. FOURCHE.	26		
10 dim. st Landri.	21 prim. Barbeau.	27		
11 lundi st Barnabé, a.	22 duodi. Camomille.	28		Périgée.
12 mar. st Olympe.	23 tridi. Chèvrefeuil.	29	N.L.	
13 mer. st Ant. de Pa.	24 quart. Caille-lait.	1		L. B.
14 jeudi st Rufin.	25 quint. TANCHE.	2		
15 ven. st Modeste.	26 sextidi. Jasmin.	3		
16 sam. st Fargeau.	27 septidi. Verveine.	4		
17 dim. st Avit.	28 octidi. Thym.	5		
18 lundi sᵉ Marine, v.	29 nonidi. Pivoine.	6		
19 mar. st Ger. s. Pro.	30 DÉCADI. CHARIOT.	7	P.Q.	Eq. L.
	MESSIDOR			
20 mer. st Silvère.	1 prim. Seigle.	8		
21 jeudi st Leufroi.	2 duodi. Avoine.	9		Sol. d'ét.
22 ven. st Alban.	3 tridi. Oignon.	10		
23 sam. st Jacques.	4 quart. Véronique.	11		Apogée.
24 dim. N. de s. J. B.	5 quint. MULET.	12		
25 lundi st Prosper.	6 sextidi. Romarin.	13		
26 mar. st Babolein.	7 septidi. Concombre.	14		L. A.
27 mer. st Crescent.	8 octidi. Echalotte.	15		
28 jeudi st Irénée.	9 nonidi. Absinthe.	16	P.L.	
29 ven. st Pier. s. Paˡ.	10 DÉCADI. FAUCILLE.	17		
30 sam. C. de s. Paul.	11 prim. Coriandre.	18		

Phases lunaires.
D. Q. le 6 à 7 h. 22 m. du m.
N. L. le 12 à 10 h. 16 m. du s.
P. Q. le 19 à 11 h. 54 m. du s.
P. L. le 28 à 3 h. 45 m. du m.

Points lunaires.
Eq. L. le 7 à 5 h. du m.   Eq. L. le 19 à 11 h. du s.
L. B. le 13 à 8 h. du m.   L. A. le 27 à midi.

An 1866.		An LXXIV.		Calendrier météorolog.		
CALENDRIER GRÉGORIEN.		CALENDRIER RÉPUBLICAIN ET AGENDA AGRICOLE.		J. lunair.	Phases lunaires	Points lunaires et solaires.
JUILLET		**MESSIDOR**				
1 dim.	st Léonore.	12 duodi.	Artichaut.	19		
2 lundi	Vis. de la Vge.	13 tridi.	Giroflée.	20		
3 mar.	st Anatole, év.	14 quart.	Lavande.	21		
4 mer.	se Berthe.	15 quint.	CHAMOIS.	22		Eq. L.
5 jeudi	se Zoé, mart.	16 sextidi.	Tabac.	23	D.Q.	
6 ven.	st Tranquillin	17 septidi.	Groseille.	24		
7 sam.	se Aubierge.	18 octidi.	Gesse.	25		
8 dim.	se Elisabeth.	19 nonidi.	Cerise.	26		
9 lundi	st Cyrille.	20 DÉCADI.	PARC.	27		Périgée.
10 mar.	se Félicité.	21 prim.	Menthe.	28		L. B.
11 mer.	Tr. s. Benoît.	22 duodi.	Cumin.	29		
12 jeudi	st Gualbert.	23 tridi.	Haricot.	1	N.L.	
13 ven.	st Gabriel.	24 quart.	Orcanète.	2		
14 sam.	st Bonavent.	25 quint.	PINTADE.	3		
15 dim.	st Henri, em.	26 sextidi.	Sauge.	4		
16 lundi	st Eust., év.	27 septidi.	Ail.	5		
17 mar.	st Alexis.	28 octidi.	Vesce.	6		Eq. L.
18 mer.	st Clair.	29 nonidi.	Blé.	7		
19 jeudi	st Vinc. de P.	30 DÉCADI.	CHALEMIE.	8	P.Q.	
		THERMIDOR				
20 ven.	se Marguerite	1 prim.	Épeautre.	9		
21 sam.	st Victor, m.	2 duodi.	Bouillon bl.	10		Apogée.
22 dim.	se Marie-Mad.	3 tridi.	Melon.	11		
23 lundi	st Apollinair.	4 quart.	Ivraie.	12		
24 mar.	se Christine.	5 quint.	BÉLIER.	13		L. A.
25 mer.	st Jacq. le M.	6 sextidi.	Prêle.	14		
26 jeudi	T. des. Marc.	7 septidi.	Armoise.	15		
27 ven.	st Pantaléon.	8 octidi.	Carthame.	16	P.L.	
28 sam.	se Anne.	9 nonidi.	Mûres.	17		
29 dim.	se Marthe.	10 DÉCADI.	ARROSOIR.	18		
30 lundi	st Sylvain.	11 prim.	Panis.	19		
31 mar.	st Germain.	12 duodi.	Salicor.	20		Eq. L.

Phases lunaires.
D. Q. le 5 à 2 h. 13 m. du s.
N. L. le 12 à 5 h. 44 m. du m.
P. Q. le 19 à 3 h. 53 m. du s.
P. L. le 27 à 4 h. 22 m. du s.

Points lunaires.
Eq. L. le 4 à midi.
L. B. le 10 à 7 h. du s.
Eq. L. le 17 à 9 h. du m.
L. A. le 24 à 8 h. du s.
Eq. L. le 31 à 7 h. du soir.

— 41 —

An 1866. CALENDRIER GRÉGORIEN.	An LXXIV. CALENDRIER RÉPUBLICAIN ET AGENDA AGRICOLE.	J. lunair.	Phases lunaires	CALENDRIER MÉTÉOROLOG. Points lunaires et solaires.
AOUT	**THERMIDOR**			
1 mer. s^e Sophie.	13 tridi. Abricot.	21		
2 jeudi st Etienne, p.	14 quart. Basilic.	22		
3 ven. st Geoffroy.	15 quint. BREBIS.	23	D.Q.	
4 sam. st Dominique	16 sextidi. Guimauve.	24		Périgée.
5 dim. st Yon.	17 septidi. Lin.	25		Conjug.
6 lundi Tr. de N.-S.	18 octidi. Amande.	26		
7 mar. st Gaëtan.	19 nonidi. Gentiane.	27		L. B.
8 mer. st Justin, m.	20 DÉCADI. ECLUSE.	28		
9 jeudi st Romain.	21 prim. Carline.	29		Conjug.
10 ven. st Laurent.	22 duodi. Câprier.	30	N.L.	
11 sam. Sus. s^e Cour.	23 tridi. Lentille.	1		
12 dim. ste Claire, v.	24 quart. Aunée.	2		
13 lundi st Hippolyte.	25 quint. LOUTRE.	3		Eq. L.
14 mar. st Eusèbe.	26 sextidi. Myrthe.	4		
15 mer. ASSOMPTION.	27 septidi. Colza.	5		
16 jeudi st Roch,conf.	28 octidi. Lupin.	6		
17 ven. st Mammès.	29 nonidi. Coton.	7		Apogée.
18 sam. s^e Hélène,im.	30 DÉCADI. MOULIN.	8	P.Q.	
	FRUCTIDOR			
19 dim. st Louis, év.	1 prim. Prune.	9		
20 lundi st Bernard, a.	2 duodi. Millet.	10		
21 mar. st Privat.	3 tridi. Lycoperde.	11		L. A.
22 mer. st Symphor.	4 quart. Escourgeon.	12		
23 jeudi st Sidoine, év.	5 quint. SAUMON.	13		
24 ven. st Barthélem.	6 sextidi. Tubéreuse.	14		
25 sam. st Louis, roi.	7 septidi. Sucrion.	15		
26 dim. st Zéphirin, p.	8 octidi. Apocyn.	16	P.L.	
27 lundi st Césaire.	9 nonidi. Réglisse.	17		
28 mar. st Augustin.	10 DÉCADI. ECHELLE.	18		Eq. L.
29 mer. st Médéric ab.	11 prim. Pastèque.	19		Périgée.
30 jeudi st Fiacre.	12 duodi. Fenouil.	20		Conjug.
31 ven. st Ovide.	13 tridi. Epine-vinet.	21		

Phases lunaires.
D. Q. le 3 à 7 h. 27 m. du s.
N. L. le 10 à 2 h. 46 m. du s.
P. Q. le 18 à 9 h. 25 m. du m.
P. L. le 26 à 3 h. 48 m. du m.

Points lunaires.
Conj. le 5 vers 3 h. du s.
L. B. le 7 à 4 h. du matin.
Conjug. le 9 vers 6 h. du m.
Eq. L. le 13 à 6 h. du s.
L. A. le 21 à 5 h. du mat.
Eq. L. le 28 à 2 h. du mat.
Conjug. le 30 vers 5 h. du m.

An 1866. CALENDRIER GRÉGORIEN.		An LXXIV. CALENDRIER RÉPUBLICAIN ET AGENDA AGRICOLE.		J. lunair.	Phases lunaires	CALENDRIER MÉTÉOROLOG. Points lunaires et solaires.
SEPTEMBRE		**FRUCTIDOR**				
1 sam.	st Lazare.	14 quart.	Noix.	22		
2 dim.	st Antonin.	15 quint.	Goujon.	23	D.Q.	
3 lundi	st Ambroise.	16 sextidi.	Orange.	24		L. B.
4 mar.	se Rosalie.	17 septidi.	Cardière.	25		
5 mer.	st Bertin, ab.	18 octidi.	Nerprun.	26		
6 jeudi	st Eleuthèr, p.	19 nonidi.	Sagette.	27		
7 ven.	st Cloud, pr.	20 DÉCADI.	HOTTE.	28		
8 sam.	Nat. de la V.	21 prim.	Eglantier.	29		Conjug.
9 dim.	st Omer, év.	22 duodi.	Noisette.	1	N.L.	
10 lundi	st Nicolas.	23 tridi.	Houblon.	2		Eq. L.
11 mar.	st Hyacinthe.	24 quart.	Sorgho.	3		
12 mer.	st Raphaël.	25 quint.	ECREVISSE.	4		
13 jeudi	st Maurille.	26 sextidi.	Bigarade.	5		
14 ven.	Exal. de la Cr.	27 septidi.	Verge d'or.	6		Apogée.
15 sam.	st Nicomède.	28 octidi.	Maïs.	7		
16 dim.	se Euphémie.	29 nonidi.	Marron.	8		
17 lundi	st Lambert.	30 DÉCADI.	CORBEILL.	9	P.Q.	L. A.
		Jours complémentaires.				
18 mar.	st Jean Chry.	1 prim.	De la ver. u.	10		
19 mer.	st Janvier.	2 duodi.	Du génie.	11		
20 jeudi	st Eustache.	3 tridi.	Du travail.	12		
21 ven.	st Matth., ap.	4 quart.	De l'opinion	13		
22 sam.	st Maurice.	5 quint.	Des récomp.	14		
		VENDÉM (AN LXXV)				
23 dim.	se Thècle.	1 prim.	Raisin.	15		Équin. d'aut.
24 lundi	st Andoche.	2 duodi.	Safran.	16	P.L.	Éc. de Lune Eq. L. Conj.
25 mar.	st Firm. év.	3 tridi.	Châtaigne.	17		
26 mer.	se Justine.	4 quart.	Colchique.	18		Périgée.
27 jeudi	st Cosme s. D.	5 quint.	CHEVAL.	19		
28 ven.	st Venceslas.	6 sextidi.	Balsamine.	20		
29 sam.	st Michel arc.	7 septidi.	Carotte.	21		
30 dim.	st Jérôme, pr.	8 octidi.	Amaranthe.	22		L. B.

Phases lunaires.
D. Q. le 2 à 0 h. 18 m. du m.
N. L. le 9 à 2 h. 24 m. du m.
P. Q. le 17 à 3 h. 38 m. du m.
P. L. le 24 à 2 h. 16 m. du s.

Points lunaires.
L. B. le 3 à 10 h. du m.
Conjug. le 8 vers 5 h. du s.
Eq. L. le 10 à 3 h. du m.
L. A. le 17 à 2 L. du s.

Eq. le 23 à 6 h. 59 m. du m.
Eq. L. le 24 à 11 h. du m.
Conj. le 24 vers midi.
L. B. le 30 à 4 h. du soir.

— 43 —

An 1866. CALENDRIER GRÉGORIEN.	An LXXV. CALENDRIER RÉPUBLICAIN ET AGENDA AGRICOLE.	J. lunair.	Phases lunaires	CALENDRIER MÉTÉOROLOG. Points lunaires et solaires.
OCTOBRE	**VENDÉMIAIRE**			
1 lundi st Remi, év.	9 nonidi. Panais.	23	D.Q.	
2 mar. ss. Anges gar.	10 DÉCADI. CUVE.	24		
3 mer. st Denis l'Ar.	11 prim. Pom. de ter.	25		
4 jeudi st Fran. d'As.	12 duodi. Immortelle.	26		
5 ven. se Aure, abb.	13 tridi. Potiron.	27		
6 sam. st Bruno, ins.	14 quart. Réséda.	28		
7 dim. se Julie.	15 quint. ANE.	29		Eq. L.
8 lundi st Daniel.	16 sextidi. Belle-de-n.	30	N.L.	Ec. de s. Conjug.
9 mar. st Denis, év.	17 septidi. Citrouille.	1		
10 mer. st Paulin, év.	18 octidi. Sarrasin.	2		
11 jeudi st Nicaise.	19 nonidi. Tournesol.	3		
12 ven. st Wilfrid.	20 DÉCADI. PRESSOIR.	4		Apogée.
13 sam. st Géraud, c.	21 prim. Chanvre.	5		
14 dim. st Calixte, p.	22 duodi. Pêche.	6		L. A.
15 lundi se Thérèse.	23 tridi. Navet.	7		
16 mar. st Gall, év.	24 quart. Amaryllis.	8	P.Q.	
17 mer. st Florent.	25 quint. BOEUF.	9		
18 jeudi st Luc, év.	26 sextidi Aubergine.	10		
19 ven. st Savinien.	27 septidi Piment.	11		Conjug.
20 sam. st Caprais.	28 octidi. Tomate.	12		
21 dim. se Ursule.	29 nonidi. Orge.	13		Eq. L.
22 lundi st Mellon, év.	30 DÉCADI. TONNEAU.	14		
	BRUMAIRE			
23 mar. st Hilarion.	1 prim. Pomme.	15		
24 mer. st Magloire.	2 duodi. Céleri.	16	P.L.	Périgée.
25 jeudi ss. Crép. et Cr.	3 tridi, Poire.	17		
26 ven. s. Évariste.	4 quart. Betterave.	18		
27 sam. st Frumence.	5 quint. OIE.	19		L. B.
28 dim. st Simon.	6 sextidi. Héliotrope.	20		
29 lundi st Narcisse.	7 septidi. Figue.	21		
30 mar. st Lucain.	8 octidi. Scorsonère.	22	D.Q.	
31 mer. st Quentin.	9 nonidi. Alizier.	23		

Phases lunaires.
D. Q. le 1 à 6 h. 18 m. du m.
N. L. le 8 à 5 h. 8 m. du s.
P. Q. le 16 à 9 h. 33 m. du s.
P. L. le 24 à 0 h. 22 m. du m.
D. Q. le 30 à 2 h. 55 m. du s.

Points lunaires
Eq. L. le 7 à 10 h. du mat.
Conj. le 8 vers minuit.
L. A. le 14 à 10 h. du s.
Conj. le 19 vers 11 h. du m.
Eq. L. le 21 à 9 h. du soir.
L. B. le 27 à 11 h. du soir.

An 1866.	An LXXV.			CALENDRIER MÉTÉOROLOG.
CALENDRIER GRÉGORIEN.	CALENDRIER RÉPUBLICAIN ET AGENDA AGRICOLE.	J. lunair.	Phases lunaires	Points lunaires et solaires.

NOVEMBRE.		**BRUMAIRE**			
1 jeudi	Toussaint.	10 décadi.	Charrue.	24	
2 ven.	*Trépassés.*	11 prim.	Salsifis.	25	
3 sam.	st Marcel, év.	12 duodi.	Màcre.	26	Eq. L.
4 dim.	st Charles, év.	13 tridi.	Topinamb.	27	
5 lundi	se Bertille.	14 quart.	Endive.	28	
6 mar.	st Léonard.	15 quint.	Dindon.	29	
7 mer.	st Willebrod.	16 sextidi.	Chervis.	1	N.L.
8 jeudi	stes Reliques.	17 septidi.	Cresson.	2	Apogée.
9 ven.	st Mathurin.	18 octidi.	Dentelaire.	3	Conjug.
10 sam.	st Léon, pap.	19 nonidi.	Grenade.	4	
11 dim.	st Martin, év.	20 décadi.	Herse.	5	L. A.
12 lundi	st René.	21 prim.	Bacchante.	6	Conjug.
13 mar.	st Brice, év.	22 duodi.	Azeroles.	7	
14 mer.	st Bertrand.	23 tridi.	Garance.	8	
15 jeudi	st Eugène.	24 quart.	Orange.	9	P.Q.
16 ven.	st Edme, arc.	25 quint.	Faisan.	10	
17 sam.	st Agnan, év.	26 sextidi.	Pistache.	11	
18 dim.	st Odon.	27 septidi.	Macjonc.	12	Eq. L.
19 lundi	se Elisabeth.	28 octidi.	Coing.	13	
20 mar.	st Edmond, r.	29 nonidi.	Cormier.	14	
21 mer.	Prés. Vierge.	30 décadi.	Rouleau.	15	
		FRIMAIRE			
22 jeudi	se Cécile.	1 prim.	Raiponce.	16	P.L. Périgée.
23 ven.	st Clément.	2 duodi.	Turneps.	17	
24 sam.	st Séverin.	3 tridi.	Chicorée.	18	L. B.
25 dim.	se Catherine.	4 quart.	Nèfle.	19	
26 lundi	se Victorine.	5 quint.	Cochon.	20	
27 mar.	st Maxime.	6 sextidi.	Mâche.	21	
28 mer.	st Sosthènes.	7 septidi.	Chou-fleur.	22	
29 jeudi	st Saturnin.	8 octidi.	Miel.	23	D.Q.
30 ven.	st André, ap.	9 nonidi.	Genièvre.	24	Eq. L.

Phases lunaires.
N. L. le 7 à 10 h. 34 m. du m.
P. Q. le 15 à 2 h. 16 m. du s.
P. L. le 22 à 10 h. 24 m. du m.
D. Q. le 29 à 3 h. 14 m. du m.

Points lunaires.
Eq. L. le 3 à 4 h. du s.
Conj. le 9 vers 8 h. du m.
L. A. le 11 à 5 h. du m.
Conj. le 12 vers 11 h. du m.

Eq. L. le 18 à 8 h. du mat.
L. B. le 24 à 9 h. du m.
Eq. L. le 30 à 11 h. du soir.

An 1866. CALENDRIER GRÉGORIEN.		An LXXV. CALENDRIER RÉPUBLICAIN ET AGENDA AGRICOLE.		J. lunair.	Phases lunaires	CALENDRIER MÉTÉOROLOG. Points lunaires et solaires.
DÉCEMBRE		**FRIMAIRE**				
1 sam.	st Eloi, év.	10 DÉCADI.	PIOCHE.	25		
2 dim.	AVENT.	11 prim.	Cire.	26		
3 lundi	st Fulgence.	12 duodi.	Raifort.	27		
4 mar.	ste Barbe.	13 tridi.	Cèdre.	28		
5 mer.	st Sabas, év.	14 quart.	Sapin.	29		
6 jeudi	st Nicolas, év.	15 quint.	CHEVREUIL.	30		Apogée.
7 ven.	se Fare, vier.	16 sextidi.	Ajonc.	1	N.L.	
8 sam.	Conception.	17 septidi.	Cyprès.	2		L. A.
9 dim.	se Gorgone.	18 octidi.	Lierre.	3		
10 lundi	se Valère.	19 nonidi.	Sabine.	4		
11 mar.	st Fuscien.	20 DÉCADI.	HOYAU.	5		
12 mer.	st Valery.	21 prim.	Érable sucré	6		
13 jeudi	se Luce.	22 duodi.	Bruyère.	7		
14 ven.	st Nicaise, ar.	23 tridi.	Roseau.	8		
15 sam.	st Mesmin.	24 quart.	Oseille.	9	P.Q.	Eq. L.
16 dim.	se Adélaïde.	25 quint.	GRILLON.	10		
17 lundi	se Olympiade.	26 sextidi.	Pignon.	11		
18 mar.	st Gatien, év.	27 septidi.	Liège.	12		
19 mer.	st Timoléon.	28 octidi.	Truffe.	13		
20 jeudi	st Philogone.	29 nonidi.	Olive.	14		Périgée.
21 ven.	st Thom., ap.	30 DÉCADI.	PELLE.	15	P.L.	L. B.
		NIVOSE				Solstice d'hiver.
22 sam	st Fabien.	1 prim.	Tourbe.	16		
23 dim.	se Victoire.	2 duodi.	Houille.	17		
24 lundi	se Delphine.	3 tridi.	Bitume.	18		
25 mar.	NOEL.	4 quart.	Soufre.	19		
26 mer.	st Etienne, m.	5 quint.	CHIEN.	20		
27 jeudi	st Jean, év.	6 sextidi.	Lave.	21		
28 ven.	ss. Innocents.	7 septidi.	Terr. végét.	22	D.Q.	Eq. L.
29 sam.	se Eléonore.	8 octidi.	Fumiers.	23		
30 dim.	se Colombe.	9 nonidi.	Salpêtre.	24		
31 lundi	st. Sylvestre	10 DÉCADI.	FLEAU.	25		

Phases lunaires.
N. L. le 7 à 5 h. 34 m. du m.
P. Q. le 15 à 4 h. 51 du m.
P. L. le 21 à 8 h. 43 m. du s.
D. Q. le 28 à 7 h. 33 m. du s.

Points lunaires.
L. A. le 8 à midi.
Eq. L. le 15 à 6 h. du s.
L. B. le 21 à 10 h. du soir.
Eq. L. le 28 à 8 h. du m.

3.

Note sur l'Annuaire ou Agenda agricole qui occupe la 4ᵉ colonne du triple Calendrier précédent.

L'*Agenda agricole* est comme la table des matières du cours de physique et d'histoire naturelle, dans ses applications à l'agriculture, que l'instituteur était tenu de faire à ses élèves. Chaque jour du calendrier portait le titre de la leçon ; et chaque leçon coïncidait avec l'époque où le laboureur devait faire usage de l'objet dont le nom était inscrit sur ce jour de l'année.

Pendant les jours d'hiver, on ne rencontre dans ce calendrier que l'indication des substances brutes, propres à fertiliser le sol et à construire les habitations, ou des métaux dont la nature est d'un usage ordinaire. Dans les autres mois, le nom des plantes se lit à l'un des jours de l'époque où il importe de les semer ou de les récolter. Le QUINTIDI porte le nom d'un animal à élever ou à détruire ; le DÉCADI, celui d'un instrument aratoire ou de ménage.

On comprend l'immense avantage que retirerait l'éducation publique du rétablissement d'un pareil cours dans nos écoles primaires, et si chaque jour, après l'exercice choral qui devrait ouvrir la séance, l'instituteur commençait par décrire avec méthode et précision l'objet dont le nom se trouve inscrit à la date de cette journée, pour en exposer les caractères, la nature, la composition, les usages pratiques ou les dangers, et pour faire comme toucher du doigt toutes ces indications à ses élèves, en mettant pendant la leçon chaque chose à leur disposition.

L'instituteur aurait soin chaque jour de préparer sa leçon du lendemain, comme s'il retournait lui-même à l'école. Cette tâche lui serait rendue facile dans les communes où le Conseil municipal a eu le bon esprit de fonder une bibliothèque, un musée et une exposition publique. Dans les autres communes, la municipalité ne se refuserait pas à voter des fonds, pour procurer à l'instituteur communal les quatre ou cinq ouvrages qui lui seraient, pour ce cours, d'une indispensable nécessité.

N° VII

CALENDRIER OU ÉPHÉMÉRIDES

DES

HOMMES ET ÉVÉNEMENTS

CÉLÈBRES (*).

(*) Le jour où le nom des hommes célèbres est inscrit est le jour de leur mort, celui qui les classe définitivement dans l'estime des hommes. Les noms sont marqués d'un astérisque, quand nous n'avons pu découvrir le jour de leur mort. Les noms d'hommes ou d'événements suivis de trois points d'admiration renversés, sont ainsi notés d'un signe sinistre.

JANVIER

1 Capitulation de Dantzig violée par les Russes, 1814.
2 Lavater, 1801. — Guyton-Morveaux, 1816.
3 Victoire des Français sur les Anglais à Pieros (Espagne), 1809.
4 Maréchal de Luxembourg, 1695.
5 Charles le Téméraire, 1477. — Catherine de Médicis, furie papiste sur le trône, 1589.
6 La cour de Mazarin chassée de Paris, 1649.
7 Édit d'Henri IV expulsant du royaume les jésuites, comme corrupteurs de la jeunesse, perturbateurs du repos public, etc., 1595. — Fénelon, 1715.
8 Galilée, 1641. — Suppression en France des corporations religieuses, foyers de conspiration, 1812.
9 Assassinat juridique d'Arena et Topino-Lebrun, 1801.
10 Linné, 1778. — Latteignant (l'abbé), 1779.
11 Sœur Marthe, 1815. — Alliance de Murat avec l'Autriche, 1814 !!!
12 Duc d'Albe, 1582 !!!
13 Victoire navale du vaisseau les *Droits de l'homme* sur les Anglais, 1796. — Suger, 1152. — Sibylle Mérian, 1717.
14 Victoire de Bonaparte et Masséna sur les Autrichiens à Rivoli, 1797. — Fra Paolo, 1623. — Mme de Sévigné, 1696.
15 Clément Marot, 1544. — Lenglet-Dufresnoy, 1755.
16 Victoire complète de Soult, à la Corogne, sur les Anglais qu'il poursuivait depuis Madrid l'épée dans les reins et qu'il refoula dans la mer, 1809.
17 Dagobert, roi des Français, 638.
18 Vallisniéri (Ant.), 1730. — Géricault, 1824.
19 Vaucanson, 1782.
20 Anne d'Autriche, épouse de Mazarin, 1666 !!! — Le père Lachaise, directeur jésuite de Louis-XIV, 1709 !!! — Garrick, 1779. — Le Pelletier de Saint-Fargeau assassiné par un garde du corps, 1793.
21 Exécution de Louis XVI, 1793. — Bernardin de Saint-Pierre, 1814.

22 Penn, fondateur de la colonie mère des États-Unis, 1718*.
23 Championnet occupe Naples, 1799.
24 Laubardémont, le *nec plus ultrà* des accusateurs publics, 1651*. — Pitt, ministre anglais, qui ne sut défendre sa cause qu'à l'aide de l'or, 1806.
25 Concordat entre Napoléon et Pie VII, 1813.
26 Chappe, inventeur du télégraphe, 1806. — Jenner, 1823.
27 Jean Gerson, défenseur des libertés gallicanes, 1429*.
28 Charlemagne, 814. — Le czar Pierre le Grand, 1725.
29 Victoire de Napoléon à Brienne sur les Prussiens, Blücher s'échappant à travers un jardin, 1814.
30 Charles 1er d'Angleterre comparaît devant une cour de justice, 1649. — Ducis, 1816.
31 Réunion du comté de Nice à la France, 1793. — Racine le fils mort, dit Bachaumont, abruti par le vin et la dévotion, 1763.

FÉVRIER

1 Rabelais, 1553.
2 Duquesne, le vainqueur de Ruyter, 1668.
3 Wurmser, forcé de capituler devant le général Bonaparte, évacue Mantoue, 1797.
4 La Convention abolit l'esclavage, 1794.
5 Aristote, 422 avant notre ère*. — Terrible tremblement de terre en Sicile et en Calabre, 1783.
6 Amyot, 1593.
7 Lapeyrouse, 1788. — Arrêt du Parlement, par les sourdes menées des jésuites, qui supprime les deux premiers volumes de l'*Encyclopédie*, 1752 !!!
8 Victoire de Napoléon sur les Russes à Eylau, 1807. — Lekain, 1778. — Spallanzani (Lazare), 1799.
9 Victoire de Napoléon sur les Russes à la Ferté-sous-Jouarre, 1814. — Exécution de Charles 1er, roi d'Angleterre, 1649. — Agnès Sorel, 1450.
10 Victoire de Napoléon sur les Russes à Champaubert, 1814.
11 Victoire de Napoléon sur les Russes à Montmirail, 1814. — Descartes, 1650.

12 Victoire de Napoléon sur les alliés à Château-Thierry, 1814.
13 Assassinat politique du duc de Berry, 1820. — Assassinat juridique de Plaignier et Carboneau, 1815.
14 Victoire de Napoléon sur les Prussiens à Vauxchamps, 1814. — Capitaine Cook, 1779.
15 République à Rome, 1798. — La Fontaine, 1695.
16 Victoire de Bonaparte sur les Autrichiens au Tagliamento, 1797. — Fléchier, 1710.
17 Victoire de Ney sur les Austro-Russes à Nangis, 1814. — Molière, 1675. — Michel-Ange Buonarotti, 1564.
18 Victoire de Napoléon sur les Autrichiens à Montereau, 1814. — Luther, 1546. — Marie Stuart, 1564. — Balzac (J.-Louis-Guy de), 1654.
19 Victoire des Français sur les Espagnols à Gébora (Espagne), 1811. — Escousse et Lehras, 1832.
20 Tobie Mayer, astronome, 1762. — L'abbé de l'Épée, 1792.
21 Héroïque défense de Saragosse par ses habitants, 1809. — Attila, 454*.
22 Le général Boyer culbute les Prussiens et empêche leur jonction avec les Autrichiens, sous les murs de Troyes, 1814. — Ruysch, anatomiste, 1731.
23 Bonaparte est nommé général en chef de l'armée d'Italie, 1796.
24 Glorieux combat naval des Français contre les Anglais dans la rade des Sables, 1809. — Stofflet, chef vendéen, 1796.
25 Catinat, 1712.
26 Départ de l'île d'Elbe, 1815.
27 Pestalozzi, 1827.
28 Exécution de l'odieuse reine Brunehaut, 613;;;

MARS

1 Napoléon débarque au golfe Juan, 1815. — Olivier de Serres, 1619.
2 Prise d'assaut de Fribourg par les Français, 1798. — Guillaume Tell, 1351. — Pothier le jurisconsulte, 1772.
3 Glorieuse capitulation de Corfou, défendu pendant quatre

mois par 800 Français contre 20,000 Russes, Turcs et Albanais, 1799.
4 Manuel est expulsé violemment de la chambre des députés, pour avoir dit à la tribune que les Bourbons avaient été reçus en France avec répugnance, 1823; ce que, sept ans après, la France entière confirma par leur expulsion définitive. — Sultan Saladin, 1293. — Champollion, 1832.
5 Prise du trois-ponts anglais *le Berwick* par la frégate française *l'Alceste*, 1796. — Défaite des Anglo-Espagnols à Chiclana (Espagne), 1811.
6 Laplace, astronome, 1827.
7 Victoire de Napoléon sur les alliés à Craonne, 1814.
8 Turgot, 1781.
9 Défaite des Anglais par les Français à Berg-op-Zoom, 1814. — Victoire de Napoléon sur les alliés à Laon, 1814. — Assassinat juridique de l'infortuné Calas, 1762 ¡¡¡ — Mazarin, qui fut roi de France, 1661 ¡¡¡
10 De Lannoy, grand dénicheur de prétendus saints, 1678.
11 Mariage de Napoléon avec une archiduchesse autrichienne, 1810 ¡¡¡ — Assassinat juridique de Jacques Molay, 1314.
12 Aristogiton, 413 avant notre ère*. — Marivaux, père du *marivaudage*, 1763.
13 Boileau Despréaux, 1711. — Michel de l'Hospital, 1573. — Empire français, 1804.
14 Bataille d'Ivry, 1590. — Exécution de l'amiral anglais Byng, pour s'être laissé battre devant Mahon par le lieutenant-général La Galissonnière, 1757. — Saint-Priest, émigré français au service de la Russie, est tué dans la défaite des Russes à Reims, 1814 ¡¡¡
15 Conspiration d'Amboise, 1559.
16 Ésope, 560 avant notre ère*. — Ossian, 200*.
17 Marc-Aurèle, philosophe sur le trône des Césars, 180.
18 Abdication de Charles IV, roi d'Espagne, 1808 ¡¡¡
19 Louis XVIII s'enfuit in cognito de Paris, 1815.
20 Rentrée triomphale de Napoléon dans Paris, 1815. — Victoire d'Héliopolis (10,000 Français contre 80,000 Turcs), 1800. — Newton, 1727.

21 Assassinat juridique du duc d'Enghien par les machinations de Talleyrand, 1804.
22 Première apparition du choléra à Paris, 1832.
23 Entrée des Français à Madrid, 1808.
24 Vayringe, mécanicien, 1746.
25 Platon, 318 avant notre ère*.
26 Guillotin (le docteur), inventeur de la guillotine, 1814 ¡¡¡ — Guttenberg, inventeur de l'imprimerie, 1468*!!!
27 Marguerite de Valois, 1615. — Loi du milliard en faveur des émigrés, 1815 ¡¡¡
28 Beethoven, 1827.
29 Gustave, roi de Suède, 1792.
30 Bataille de Paris, bravoure des citoyens, trahison et lâcheté des parvenus, 1814 ¡¡¡ — Vêpres siciliennes, 1282.
31 Capitulation de Paris, organisée depuis longtemps par les pères de la foi (jésuites), à l'aide des membres de la société occulte de Saint-Vincent de Paul, qui prenaient alors le nom de *verdets*, 1814 ¡¡¡ — François Ier, 1547. — Insurrection des chiffonniers à Paris, 1832.

AVRIL

1 Prisonniers politiques assassinés à Sainte-Pélagie par une escouade de sergents de ville, 1832.
2 Mirabeau, 1791.
3 Élisabeth, reine d'Angleterre, 1603.
4 Masséna, surnommé *l'enfant chéri de la victoire*, 1817. — Lalande, astronome, 1807.
5 Danton et Camille Desmoulins, 1794. — Dumouriez passant à l'ennemi en emportant la caisse de l'armée, de concert avec le jeune duc de Chartres, plus tard Louis-Philippe, 1793 ¡¡¡
6 Laure (la belle), 1348. — Épictète, 2e siècle*. — Pichegru, 1804. — Création du comité de salut public, 1793.
7 Prise de Mons par les Français, 1691. — Raphaël d'Urbin, 1520.
8 Seconde coalition de toute l'Europe contre la France, 1799.
9 Première victoire de Bonaparte sur les Autrichiens à Monte-

notte, 1796. — Capitulation, à la Pallu, du duc d'Angoulême qui jure de ne jamais rentrer en France et de faire rendre les diamants de la couronne emportés par Louis XVIII, 1815.
10 Victoire des Français (22,000) contre 80,000 Anglais et Espagnols commandés par Wellington, 1815. — Insurrection de Lyon, 1834. — Bacon de Vérulam, 1626.
11 Première abdication de Napoléon, 1814. — Victoire de Cassel, 1677.
12 Bossuet, 1704.
13 Édit de Nantes en faveur de la religion réformée, 1508.
14 Victoire de Bonaparte sur les Autrichiens à Millésimo, 1796. — Attaques infructueuses de Nelson, avec toute la flotte anglaise, contre la flottille de Boulogne, 1804. — Massacre de femmes, vieillards et enfants à la rue Transnonain, exploit militaire de T.... et B......, 1834. — Lâche assassinat, par les partisans de l'esclavage, de l'immortel Abraham Lincoln, président des États-Unis, ainsi que de son ministre Sewart, 1865 !!!
15 Le Tasse, 1592. — Lucile, infortunée épouse de Camille Desmoulins, 1794. — Mme de Maintenon, veuve de Scarron et de Louis XIV, 1719.
16 Buffon, 1788. — Victoire de Bonaparte à Mont-Thabor, 1799.
17 Reconnaissance de la république d'Haïti par la France, 1825. — Franklin, 1790.
18 Holocauste humain : Urbain Grandier, curé de Loudun, 1634. — Victoire des Français sur les Autrichiens à Neuwied, 1797.
19 Christine, reine de Suède, 1689 !!! — Mélanchthon, 1560.
20 Kant l'incompréhensible, 1804. — Sacrilége loi contre le sacrilége, 1825 !!!
21 Victoire des Français sur les Autrichiens, et prise pour la quatrième fois de Landshut, 1809. — Abailard, 1142.
22 Victoire de Bonaparte à Mondovi, 1796. — Racine, 1699.
23 Pythagore, 600 avant notre ère*. — Shakespeare, 1616.
24 Caton d'Utique, 48 avant notre ère*. — Fédération des Bretons pour la défense du territoire, 1844.
25 David Teniers, 1690.

26 Diane de Poitiers, 1556. — Ruyter, 1676. — Victoire de Duquesne sur Ruyter en face de Messine, 1676.
27 Jean Bart, la terreur des marins anglais, 1702.
28 Assassinat des plénipotentiaires français par les Autrichiens, 1799.
29 Victoire des Français sur les Espagnols à Caldiera, 1809.
30 Holocauste humain : le curé Gaufridi brûlé comme sorcier, 1611.

MAI

1 Victoire de Bonaparte sur l'Europe coalisée à Lutzen; mort de Bessières, 1813. — Le diacre Pâris, 1727.
2 Inauguration des grands chemins de fer en France, 1843.
3 Benoît XIV, pape philosophe, 1758. — Confucius, 550 avant notre ère*.
4 Assassinat juridique du capitaine Vallée, 1822. — Assassinat juridique de Didier à Grenoble, 1816.
5 Napoléon meurt à Sainte-Hélène, lentement empoisonné par la rancune anglaise, 1821 ¡¡¡ — Ouverture des états généraux, 1789.
6 Sac de Rome par Charles-Quint, 1527. — Prise de Maëstricht sur les Anglais et Hollandais par les Français, 1748.
7 Louvel, 1820.
8 Arrêt du Parlement qui condamne la société de Jésus à restituer aux sieurs Léoncy frères et Gouffre, négociants à Marseille, la somme de 1 million 502,276 livres 2 sous et 1 denier, que le jésuite provincial Lavalette leur avait escroquée, et en outre à 50,000 livres de dommages et intérêts, 1761. — Christophe Colomb, 1506. — Jansénius, 1638. — Lavoisier, 1794. — Dumont d'Urville dans l'affreuse catastrophe du chemin de fer de Versailles, 1842.
9 Assassinat juridique de Lally-Tollendal, 1765 ¡¡¡
10 Victoire de Bonaparte au pont de Lodi, 1796. — Assassinat juridique du maréchal de Marillac, 1632.
11 Henri Estienne, mort à l'hôpital, 1598 ¡¡¡ — Entrée des Français dans Milan, 1796. — Jacques Delille, 1813.

12 Journée des barricades, 1588.
13 Vienne occupée pour la seconde fois par les Français, 1809. — Barneveldt, 1619.
14 Henri IV assassiné par les jésuites qu'il avait eu le tort de rappeler, en cédant aux obsessions de son indigne épouse, Marie de Médicis, leur complice, 1610. — Restaut le grammairien, 1764. — Casimir Périer, 1832.
15 Première déception de la deuxième république française; les jésuites s'essayant à la perte de l'institution à laquelle ils avaient tous prêté des chaleureux serments et préludant à la Saint-Barthélemy de juin, 1848. — La marquise de Pompadour, 1764 !!!
16 Les Alpes franchies par les Français dans le dénûment le plus complet, 1800.
17 Héloïse, épouse d'Abailard, 1164. — A. C. Clairaut, géomètre, 1765. — Etats romains annexés d'un trait de plume à la France, 1803.
18 Empire français, 1804.
19 Expédition de Bonaparte en Égypte, 1798. — Alcuin, 804.
20 Lafayette, 1834. — Prise de Dantzig par les Français, 1813.
21 Victoire de Napoléon sur l'Europe coalisée à Bautzen, 1813. — Duroc, 1813.
22 Victoire de Napoléon sur les Autrichiens à Essling; mort de Lannes, 1809. — Constantin, flétri par l'histoire et canonisé par l'Église, 337.
23 Holocauste humain : Savonarole brûlé vif, 1498 !!!
24 Les Anglais s'emparant par trahison et avec leur or de la pucelle d'Orléans qu'ils n'avaient jamais pu vaincre par les armes, 1430 !!! — Perfidie du commodore Sidney-Smith envers Desaix à l'occasion du traité d'*El-Arich*, 1800.
25 Cardinal d'Amboise, 1510. — Babeuf, 1797 !!!
26 Charles Estienne, mort dans la prison pour dettes, ruiné par la Sorbonne, 1564.
27 Exécution de Ravaillac, séide des jésuites, 1610.
28 Bernard de Menton, 1008. — Grégoire, évêque constitutionnel, 1831.
29 Impératrice Joséphine, empoisonnée par la réaction occulte

1814. — Christophe Ier, roi de Danemark, empoisonné par son évêque, 1259.
30 Rubens, 1640.—Voltaire, victime de sa confiance en son indigne nièce et son plus indigne obligé, le marquis de Villette (voir la *Revue complémentaire des Sciences*, tom. III, p. 127), 1778.
31 Holocauste humain : Jeanne d'Arc immolée par la perfidie du haut clergé à la rancune des Anglais, 1431.

JUIN

1 Holocauste humain : Jérôme de Prague, brûlé vif par le clergé catholique, 1416. — Sublime dévouement du vaisseau *le Vengeur*, 1794.
2 Victoire navale des Français sur les Hollandais en face de Messine; mort de l'amiral hollandais Ruyter, 1676. — Lallemand, assassiné par un soldat royal, 1820.
3 Première victoire de Turenne à Rottweil, 1644. — Socrate, 399 avant notre ère*.
4 Le général Lamarque; formidable insurrection de Paris, 1832. — Victoire de Kléber à Altenkirchen, 1796.—Belsunce,1755.
5 Première ascension des montgolfières à Annonay (Ardèche), 1783. — Weber, compositeur, 1826.
6 Victoire navale de l'amiral français d'Estaing sur l'amiral anglais Byron, 1779. — Siége du cloître Saint-Merry, 1832. — Mlle de La Vallière, 1710.
7 Fête de l'Être suprême, 1794.
8 Mahomet, 632. — Kouli-Khan, 1747. — Emeutes et assassinats juridiques à Lyon, 1817.
9 Victoire navale des Français, sous les ordres de La Galissonnière, sur les Anglais, sous les ordres de l'amiral Byng, devant Mahon, 1756. — Victoire de Lannes sur les Autrichiens à Montebello, 1800.
10 Prise de Malte par Bonaparte et abolition de l'ordre, 1798.
11 Excommunication ridicule de Napoléon par Pie VII, son prisonnier, 1809. — Copernic, 1543. — Dumarsais, 1756. — L'*Émile* de J.-J. Rousseau brûlé par la main du bourreau, à Paris, 1762.

— 57 —

12 Victoire décisive de Napoléon à Friedland, 1807.
13 Kléber, assassiné, 1799. — Panard, le père du vaudeville, 1765.
14 Victoire de Bonaparte, premier consul, sur les Autrichiens à Marengo; mort de Desaix sur le champ de bataille, 1799.
15 Las Casas, 1566*.
16 Victoire décisive de Napoléon et déroute complète des Prussiens à Fleurus; 59,000 Français contre 80,000 Prussiens, 1815.
17 Victoire de la Trebbia, 1799.
18 Waterloo, 1815 ¡¡¡ (Wellington sauvé d'une ruine complète à la faveur de la trahison organisée par l'association occulte des pères de la foi (jésuites) dans l'état-major français (l'or des Anglais n'est pas une chimère). — Victoire de Jeanne d'Arc sur les meilleurs capitaines anglais à Patay, 1429. — Assassinat juridique du savant Romme, 1795. — Lord Raglan, général en chef de l'armée anglaise, meurt dans son lit au siége de Sébastopol, obstacle plutôt qu'auxiliaire de l'armée française, 1855. — Crébillon, le tragique, 1762.
19 Victoire de Moreau sur les Autrichiens à Hochstedt, 1800.
20 Serment du jeu de paume, 1789 !!! — Vicq d'Azyr, anatomiste physiologiste, 1794.
21 Arrestation de Louis XVI et sa famille à Varennes, 1791. — Quiberon; les émigrés abandonnés par le comte d'Artois, plus tard Charles X, et les Anglais, 1795. — Jean Liébault, un des deux auteurs de la *Maison rustique*, mort dans la misère, 1596.
22 Charles le Téméraire, vaincu à Morat par une poignée de Suisses, 1476. — Machiavel, 1517.
23 Jours néfastes de la deuxième république française; nouvelle Saint-Barthélemy, 1848 ¡¡¡ — Président d'Oppède, féroce massacreur des Vaudois désarmés, 1558.
24 Passage du Niémen par la grande armée, 1812.
25 Armand Carrel, 1836. — Défaite des Anglais et Espagnols à Tolosa, 1813. — Georges Cadoudal, 1804.
26 Massacres atroces des libéraux par les royalistes de Marseille, 1815 ¡¡¡ — Victoire de l'armée républicaine sur les Prussiens à Fleurus, 1794.

27 Tourville détruit la flotte anglaise et hollandaise près du cap Saint-Vincent, 1693. — La Tour d'Auvergne, surnommé le *premier grenadier français*, 1800. — L'empereur Julien, grand capitaine, écrivain distingué et libre penseur, 363. — Linguet, orateur et écrivain, victime du despotisme, 1794. — Rouget de l'Isle, auteur de la *Marseillaise*, 1836. — Prise de Wilna, 1812.
28 Les Français s'emparent de Tarragone (Espagne), 1811.
29 Napoléon quitte Paris pour la dernière fois, 1815.
30 Henriette d'Angleterre, empoisonnée par les mignons de son époux, le duc d'Anjou, 1670.

JUILLET

1 Première victoire des Français à Fleurus sur les Anglais et Allemands, 1690. — Abdication de Louis, roi de Hollande 1810.
2 Victoire des Français sur les Anglais et Hollandais à Lawfeldt (50,000 Français contre 80,000 alliés), 1747. — Naufrage de la *Méduse*, 1816. — Olivier de Serres, 1619.
3 Victoire des Français sur les Autrichiens à Wagram, 1807. Marie de Médicis, répudiée par son fils comme ayant été la complice de la mort d'Henri IV, 1613.
4 Jefferson, président des États-Unis, 1806. — Barberousse, roi d'Alger, 1546. — Prise d'Alexandrie par Bonaparte, 1798.
5 Prise d'Alger par les Français, 1830.
6 Victoire navale des Français en face d'Algésiras : Six vaisseaux anglais et une frégate mis en déroute par trois vaisseaux français, sous les ordres de l'amiral Linois. Le même jour, le vaisseau français *le Formidable*, aux prises avec trois vaisseaux anglais, en met un en fuite et en ramène deux triomphalement à Cadix, 1801.
7 Traité de Tilsitt, 1811. — Entrée des alliés à Paris, à la faveur de la trahison organisée par les pères de la foi (jésuites) parmi les royalistes, 1815. — Thomas Morus, 1535.
8 Bataille de Pultava, 1709.
9 Brutus et Cassius, 42 avant notre ère*.

10 René, roi de Provence, 1480.
11 Anacréon, 467 ans avant notre ère*.
12 Érasme, frondeur et libre penseur, 1576. — La Chalotais, intrépide accusateur des jésuites, 1785.
13 Marat, assassiné par Charlotte Corday, séide des jésuites, 1793. — Duguesclin, 1380. — Duc d'Orléans, 1842.
14 Prise de la Bastille, ère de l'affranchissement des Français, 1789!!!
15 Sacrifice humain : Jean Huss immolé sur un bûcher par le clergé, 1415.
16 Charlotte Corday, assassin de Marat, 1793. — Hégire, ère des mahométans, 622.
17 Artevelde (Jacques d'), 1345.
18 Godefroy de Bouillon, 1100. — Pétrarque, 1374.
19 Trahison de Baylen!!! Violation de la capitulation par les Anglais, inhumanité britannique envers les prisonniers, 1808.
20 Abolition de l'ordre des jésuites par le pape Clément XIV, 1773. — Bichat, 1802.
21 Victoire remportée par Louis IX à Taillebourg sur Henri III, roi d'Angleterre, et le comte de la Marche, 1242. — Victoire de Bonaparte aux Pyramides, 1798.
22 Duc de Reichstadt, ex-roi de Rome, immolé à la politique de la Sainte-Alliance, 1832.
23 Ménage, 1602.
24 Horrible assassinat du maréchal Brune par les royalistes, sur les ordres de la société occulte des jésuites, à Avignon, 1815. — Échec de Nelson et de la flotte anglaise devant Ténériffe, 1797.
25 Insolentes ordonnances de Charles X, sous les ordres des jésuites, 1830. — Victoire des Français à Denain, sous les ordres de Villars, qui vengea ainsi sa retraite de Malplaquet, 1712.
26 Réponse du peuple soulevé à la provocation antinationale du dernier roi de France et de Navarre, 1830.
27 Turenne, 1675. — Monge, 1818. — Journée dite *du 9 thermidor*, 1794. — *L'Emile* de J.-J. Rousseau, brûlé par la

main du bourreau à Genève, alors digne émule de Rome, 1762 (voir 11 juin);;;
28 Robespierre, Couthon, Saint-Just, etc., 1794. — Victoire des Français (40,000) sur les Anglais (80,000), commandés par Wellington, à Talaveira (Espagne), 1809. — Assassinat juridique des deux frères les généraux Faucher à Bordeaux, 1815. — Machine infernale de l'infâme Fieschi, espion de la Cour; elle ne fut braquée que contre le peuple et la liberté de la presse, 1835.
29 Victoire complète du peuple de Paris sur la royauté, après trois jours de combat; chute de la royauté de droit divin, 1830. — Victoire, à Tolosa (Espagne), des Français, au nombre de 40,000, sur 80,000 Anglais et Espagnols commandés par Wellington, 1809. — Victoire des Français sur Guillaume III, roi d'Angleterre, à Nerwinde, 1693.
30 Marie-Thérèse, épouse officielle de Louis XIV, 1683. — Diderot, 1741.
31 Victoire navale des Français (amiral d'Orvilliers) sur les Anglais (amiral Keppel), en face des îles d'Ouessant, 1779. — Escamotage de la révolution de Juillet, par les roueries de la société de Jésus, en faveur de Louis-Philippe, fils de Philippe surnommé l'Égalité, 1830. — Glorieuse capitulation de Valenciennes, 1793. — Ignace de Loyola, espèce de visionnaire, fondateur de la congrégation impitoyable des jésuites, 1556.

AOUT

1 Glorieuse défaite d'Aboukir, par l'inactivité de vingt capitaines de vaisseaux français, sur laquelle comptait l'amirauté anglaise. Héroïque mort de Dupetit-Thouars et de l'amiral Brueys. A cette époque, Quiberon prenait du service dans la marine, 1798. — Assassinat de Henri III par le pieux Jacques Clément, 1589.
2 Condillac, 1789. — Montgolfier, 1799.
3 Holocauste humain : le savant typographe Dolet brûlé vif à l'Estrapade par la Sorbonne, 1546.

4 Abolition des titres de noblesse et des priviléges par l'Assemblée nationale, 1789. — 5,000 Autrichiens mettent bas les armes devant 1,200 hommes commandés par Bonaparte, 1796. — Nelson, à la tête de la flotte anglaise, bat en retraite devant la flottille française du camp de Boulogne, 1804. — Exécution odieuse de Jacques d'Armagnac par le féroce et pieux Louis XI, 1477.
5 Victoire de Bonaparte sur les Autrichiens à Castiglione, 1796. — Antoine Arnaud meurt à Bruxelles, exilé par les jésuites dont sa plume était la terreur, 1694.
6 Arrêt du Parlement qui supprime en France l'ordre des jésuites, comme enseignant une *doctrine perverse, destructive de tout principe de religion et même de probité, injurieuse à la morale chrétienne, pernicieuse à la société civile, séditieuse,... propre à exciter les plus grands troubles dans les États, et à former et à entretenir la plus profonde corruption dans le cœur des hommes...* Donné en Parlement, toutes les chambres assemblées, le 6 août 1762. — Rétablissement de l'ordre des jésuites par le pape Pie VII, d'abord républicain, puis servile envers Napoléon, et ensuite inexorable envers ceux qui avaient servi cet empereur, sur son exemple, 1814. — Cicéron, immolé à la vengeance d'Antoine par la lâcheté d'Auguste, 45 ans avant notre ère.
7 Déception de juillet 1830, œuvre des jésuites. Louis-Philippe d'Orléans, fils de l'Égalité, est proclamé, par une coterie organisée de longue main, Roi des Français.
8 Adanson, 1806.
9 Jeanne Hachette, héroïne de Beauvais, 1473.
10 Les Tuileries prises d'assaut par le peuple, 1792.
11 Victoire de Condé à Senef, 1674.
12 Louis XVI et sa famille transférés au Temple, 1792. — Assassinat juridique du brave Dupuy-Montbrun à Grenoble, 1815.
13 Bataille de Hochstedt, perdue par les débiles favoris du vieux Louis XIV. La victoire de Moreau sur le même terrain, le 19 juin 1800, a lavé suffisamment notre histoire de cet échec.
14 Passage du Borysthène par la grande armée, 1812.

15 Victoire des Français, sous les ordres du duc de Vendôme, sur les Impériaux, sous les ordres du prince Eugène, à Luzzara, dans le Milanais, 1702.
16 Premier emploi du télégraphe aérien, annonçant la prise du Quesnoy, 1794. — Embarquement pour l'exil de Charles X à Cherbourg, 1830. Quand le jésuitisme a usé une de ses créatures, il la sacrifie pour faire place à une autre qu'il tâchera d'user de même.
17 Assassinat politique du général Ramel, 1815 ¡¡¡
18 La Boëtie, 1563. — Delambre, astronome, 1822. — Victoire de Catinat sur le prince Eugène à Staffarde, 1690.
19 Pascal, 1662. — Assassinat politique du colonel La Bédoyère, 1815.
20 Guy d'Arezzo, moins réformateur qu'écrivain sur la musique, 11ᵉ siècle *.
21 Bernadotte élu prince royal, 1810. — Condamnation, par le Parlement de Toulouse, de l'abbé et du chevalier de Ganges, comme assassins de leur vertueuse belle-sœur, 1667.
22 Hippocrate, 351 avant notre ère*. — Gall (François-Joseph), 1818.
23 Herschell, astronome, 1822.
24 Massacre papiste de la Saint-Barthélemy par les jésuites, 1572. — Jean Goujon assassiné sur son échafaudage, 1572.
25 Louis IX, 1270. — Watt, applicateur de la puissance de la vapeur, découverte par Papin.
26 Victoire de Napoléon sur l'Europe coalisée à Dresde; mort de Moreau dans les rangs des ennemis de la France, 1813.
27 Toulon livré aux Anglais par des Français indignes de ce nom, 1793. — Héroïque capitulation d'Huningue, défendu pendant douze jours par 135 soldats français contre 36,000 Autrichiens, 1815.
28 Présentation des lois odieuses votées en septembre suivant, lois préparées par la machine infernale de Fieschi, et braquées spécialement contre le journal *le Réformateur*, afin de le faire passer entre les mains de quelques imbéciles séides de la société de Jésus, 1835.
29 Louis XI, féroce et poltron, 1482 ¡¡¡

30 Soufflot, 1780.
31 Roger Bacon, 1294 ; il devança Galilée et fut traité comme lui.

SEPTEMBRE

1 Louis XIV, 1715.
2 Massacres des prisons de Paris, organisés par les jésuites, dans le double but de punir les nobles libres penseurs et de jeter de l'odieux sur la Révolution française, 1792. — Rétablissement, par la faiblesse d'Henri IV, des jésuites qui devaient le faire assas-iner, 1603.
3 Deuxième journée des saturnales dans le sang, 1792.
4 Rouerie jésuitique ; déportation des républicains innocents à la place des royalistes coupables, 1797. — Bombardement d'Alger par Duquesne, 1682. — Victoire de Bonaparte sur les Autrichiens à Roveredo, 1796. — Les Anglais, descendus à Saint-Cast (Bretagne), sont écrasés avec une perte de 4,000 hommes et 500 prisonniers, 1758.
5 Lenostre, jardinier, 1700.
6 Assassinat juridique des quatre sergents de la Rochelle, 1822. Les provocateurs ont jeté leurs masques dans la sacristie en 1848. ¡¡¡
7 Victoire de Napoléon sur les Russes à la Moskowa, 1812. — — Pallas (Pierre-Simon), naturaliste, 1811.
8 Victoire des Français sur les Autrichiens à Hondschoote, 1793.
9 Guillaume, duc de Normandie, fait la conquête de l'Angleterre à la tête d'une armée improvisée de Français, 1087. — Rétablissement irrationnel du Calendrier grégorien, pour flatter le clergé romain, 1805.
10 Assassinat royal du duc de Bourgogne, 1419.
11 Bernard de Palissy, 1589. — Bataille de Malplaquet, où la belle retraite des Français, sous les ordres de Villars, équivalut à une victoire. Les alliés, Anglais, Allemands et Hollandais, sous les ordres de Marlborough et du prince Eugène, y perdirent deux fois plus de monde que les Français, et ne recueillirent d'autre honneur que de passer la nuit sur le champ de bataille, 1709.

12 Assassinat juridique du vertueux de Thou, 1642. — Rameau, grand musicien, mort libre penseur, 1764.
13 Cromwell, 1658. — Titus, empereur, surnommé les délices du genre humain, 81. — Victoire des Français sur les Anglais à Villafranca, 1813. — Décret du pape Clément XI contre les scandales et barbaries des jésuites en Chine, 1725.
14 Occupation de Moscou par les Français, 1812. — Le Comtat-Venaissin réuni à la France, 1794. — Le Dante, 1321.
15 Hoche, 1797. — Montaigne, 1592.
16 Louis XVIII, 1824.
17 Bréguet, horloger, 1823.
18 Van Eyck (Hubert), l'un des inventeurs de la peinture à l'huile, 1426. — Victoire de Brune sur les Anglais et les Russes à Bergen, 1799.
19 Bataille de Poitiers, gagnée par l'inertie anglaise, parfaitement bien retranchée, sur l'impétuosité indisciplinée des grands seigneurs d'alors, 1346.
20 Victoire, en quelques heures, à Valmy, des républicains français, simples volontaires de la veille, sur les vétérans prussiens et les émigrés transfuges français, 1792.
21 Royauté abolie en France, 1792. — Marceau, 1796. — Victoire d'Henri IV à Arques, près Dieppe, 1589.
22 Valdo, qui passa sa vie à signaler les turpitudes du clergé romain et à épurer les mœurs de ses semblables, 1179. — Clément XIV, empoisonné lentement par les jésuites qu'il avait supprimés, 1774. — Ère de la République française, 1792.
23 Virgile, 19. — Convocation des états généraux, 1788.
24 Victoire navale de Suffren sur les Anglais dans l'Inde, 1782. — Paracelse, 1541. — Grétry, 1813.
25 Victoire décisive des Français contre les Russes à Zurich, 1799.
26 Traité, en 1815, de la sainte et aristocratique alliance de toute l'Europe contre la France, qui a continué à la chansonner et à la faire trembler pendant ces 50 dernières années.
27 Duguay-Trouin, la terreur des Anglais, 1736. — Victoire de

Masséna sur les Anglais à Busaco (Espagne), 1810. — Institution de l'ordre des jésuites, si fatal à l'humanité, par la bulle de Paul III, 1540.
28 Massillon, 1742. — Prise de Nice par les Français, 1792.
29 Souwarow disparaissant après sa défaite de Zurich et fuyant jusqu'en Russie, 1799.
30 Saint Jérôme, seul arbitre de l'authenticité des livres dits canoniques, 420. — Clôture de l'Assemblée constituante, 1791. — Prise par les Français de Spire et Worms, 1792.

OCTOBRE

1 Corneille (le grand), 1684. — Assassinat juridique, en violation des formes de la procédure, du colonel Caron, entraîné dans un piége par quelques agents provocateurs de la police Decazes, sous la conduite du maréchal des logis Thiers, 1822.
2 Prise de Bougie par le général Trézel, 1833. — Victoire des Français, sous la conduite de Jourdan, à Aldenhoven, sur les Autrichiens, 1794.
3 Victoire des Français sur les Autrichiens à Hohenlinden, 1800. — Capitulation de Cadix, un des hauts faits d'armes du grand conquérant le duc d'Angoulême, qui ne s'en est jamais douté, 1823.
4 Victoire de Catinat à Marseille, 1693. — Miltiade, 489 avant notre ère*.
5 Assassinat juridique du général Berton, 1822, entraîné par des agents provocateurs qui se sont démasqués, les uns à la Cour de Louis-Philippe et les autres dans les sacristies en 1848. — Gassendi, 1655.
6 Thémistocle, 464 avant notre ère*.
7 Victoire des Français sur les Austro-Russes à Constance (Suisse), 1799. — Héroïque défense de Lille, 1792. — Alfieri, 1803.
8 Rienzi, 1354. — Anglais à Lorient forcés de regagner en toute hâte leurs vaisseaux, 1746.
9 Reprise de Lyon sur les agents des jésuites et de l'étranger, 1793. — Victoire des Français, sous la conduite de Soult,

4.

sur les Anglais et Espagnols, sous la conduite de Wellington.
à Alba (Espagne), 1812.
10 Priestley, persécuté en Angleterre et acclamé membre de la Convention nationale de la république française; meurt en Amérique, 1804 *.
11 Victoire des Français, sous la conduite de Maurice de Saxe, sur les Anglais et Hollandais à Rocoux, 1747. — Zwingle, 1531. — Monaldeschi, assassiné sous les yeux et par les ordres de la reine Christine, 1657.
12 Épicure, 270 avant notre ère *.
13 Murat, fusillé par les Bourbons de Naples, 1815. — Prise de Constantine par les Français, 1837.
14 Victoire de Napoléon sur les Prussiens à Iéna, 1806.
15 Malebranche, 1715. — Kosciusko, 1817.
16 Marie-Antoinette, épouse de Louis XVI, 1793. — Capitulation de 16,000 Prussiens à Erfurth, 1806.
17 Capitulation d'Ulm entre les mains de Napoléon, 1805. — Réaumur, naturaliste, 1757. — Ninon de Lenclos, la femme libre, 1705 ¡¡¡
18 Leipzig ¡¡¡ défection des troupes allemandes; Poniatowski, 1813. — Méhul, compositeur, 1817.
19 Talma, 1826.
20 Grand sanhédrin des juifs à Paris, 1806.
21 Nelson tué à Trafalgar; il savait d'avance que quinze vaisseaux français au moins amèneraient leurs pavillons, en dépit de la houillante indignation de leurs intrépides marins. Seconde édition des manœuvres d'Aboukir, 1805.
22 Les Français obligent Wellington de lever le siége de Burgós (Espagne), 1812. — Révolte et soumission du Caire, 1798. — Odieuse et ruineuse révocation de l'édit de Nantes, 1655 ¡¡¡
23 Conspiration de Mallet, 1812; grotesque rôle de Pasquier, alors préfet de police et plus tard président de la chambre des pairs.
24 Gassendi, 1655. — Tycho-Brahé, 1601.
25 Prise de Berlin par les Français, 1806.
26 Holocauste humain : Servet livré aux flammes par Calvin, 1553 ¡¡¡

27 Lycurgue, 870 avant notre ère*.
28 Charles Degeer, le Réaumur suédois, 1778.
29 Exécution de Mallet, 1812. — D'Alembert, 1783.
30 Reddition de l'héroïque ville de la Rochelle, 1630. — Assassinat juridique de Montmorency, 1632 ¡¡¡
31 Les Girondins, 1793.

NOVEMBRE

1 Tremblement de terre à Lisbonne, 1755 ; on en ressentit la secousse jusqu'en Suède.
2 Louis le Débonnaire, type des rois de droit divin et partant esclaves des prêtres, 833 ¡¡¡
3 60,000 Espagnols et Allemands sont forcés de lever le siège de Saint-Jean de Losne (Côte-d'Or), défendu par 5,000 citoyens et 50 soldats, 1636. — Lescure, général vendéen, 1793.
4 Institution du Directoire, 1795 ¡¡¡
5 Riégo, 1823.
6 Bernard de Jussieu, 1777. — Exécution de Philippe Egalité, 1793. — Charles X, mort dans l'exil, 1836.
7 Victoire des volontaires français sur les vétérans autrichiens à Jemmapes, 1792. — Capitulation de 16,000 Prussiens à Ratkau, 1806.
8 Mme Roland, 1793. — Lancelot (Ant.), 1740.
9 Coup d'Etat du 18 brumaire an VIII et Consulat, 1799.
10 Milton, 1674. — Bailly, 1793.
11 5,000 Français mettant en fuite 24,000 Russes à Dirnstein, 1805.
12 Gilbert (le poète), que les dévots qu'il avait servis laissèrent mourir à l'hôpital, 1780.
13 Première occupation de Vienne par les Français, 1805.
14 Leibnitz, 1716.
15 Képler, astronome, 1630.
16 Victoire et mort de Gustave-Adolphe à Lutzen, 1632.
17 Victoire de Bonaparte à Arcole, 1796. — *Conspiration* dite *des poudres*, ourdie à Londres par la société de Jésus, 1605.
18 Première représentation de l'*Œdipe* de Voltaire, 1718.

19 Le Poussin, 1665. — Le Masque de fer, fils de Mazarin et d'Anne d'Autriche, et frère aîné de Louis XIV, 1703.
20 Découverte de l'armoire de fer aux Tuileries, 1792. — Dugommier, surnommé le *Père des soldats*, meurt dans son triomphe, 1794.
21 Cardinal de Bourbon, un instant roi de France sous le nom de Charles X, 1589.
22 Homère, 980 ans avant notre ère*.
23 Duc d'Orléans, assassiné par le duc de Bourgogne, 1417!!!
24 Victoire des Français sur les Autrichiens et les Sardes à Loano, 1793. — Solon, 1559 avant notre ère*.
25 André Doria, libérateur de Gènes, 1460.
26 J.-J. Rousseau, assassiné d'un coup de marteau ou autre instrument contondant. Son masque, moulé par Houdon, que je possède, en offre la preuve évidente : un coup de pistolet ne produit rien d'analogue à la perforation dont on voit les traces au milieu du front. D'après le rapport de Houdon, la profondeur de cette perforation ne s'étendait pas trop loin; il lui fallut seulement une assez forte masse de coton pour la combler et l'effacer en partie pour le moulage, 1778.
27 Lamblardie, fondateur de l'Ecole polytechnique, 1798. — Artevelde (Philippe d'), 1382.
28 Dunois, 1468.
29 J.-B. Van Helmont, révolutionnaire en chimie et médecine, 1644*.
30 Victoire de Napoléon sur les Espagnols à Somo-Sierra (Espagne), 1808.

DÉCEMBRE

1 Alexandre Ier, empereur de Russie, 1825.
2 Victoire de Napoléon à Austerlitz sur les trois souverains de Russie, d'Autriche et de Prusse, 1805. — Empire, 1804. — Fernand Cortez, 1554.
3 Victoire des Français à Bourdits (Catalogne), 1653.
4 Cardinal de Richelieu, 1642. — Prise de Madrid par les Français, 1808.

5 40,000 Napolitains et Anglais mis en déroute complète par 6,000 Français à Civita-Castellana, 1798. — Mozart, 1791.
6 Orphée, 1000 avant notre ère *.
7 Assassinat juridique du maréchal Ney, 1815.
8 Empédocle, 440 avant notre ère *.
9 Van Dyck, 1641. — Laubardemont fils, chef de voleurs, 1651.
10 Victoire de Villa viciosa, 1710.
11 Guttenberg, 1468. — *Condé (le grand), 1686. — Charles XII, 1718.
12 Glorieux combat du brick *le Cygne*, 1808.
13 Démocrite et Héraclite, 500 avant notre ère *.
14 Washington, 1799.
15 Arrivée à Paris des cendres de Napoléon à travers une haie d'un million d'hommes, 1840.
16 Pindare, 436 avant notre ère.
17 Bolivar, 1830.
18 Vicomte d'Orthez, 1572.
19 Les Anglais chassés de Toulon par le lieutenant d'artillerie Bonaparte, 1793. — Léonidas et les 300 Spartiates, 480 avant notre ère*.
20 Condamnation arbitraire de Fouquet, dépositaire des secrets de la naissance du Masque de fer, 1664.
21 Sully, 1641. — Montfaucon, 1741.
22 Ambroise Paré, 1590. — Tournefort, 1708. — Lantara, mort à l'hôpital, 1778.
23 Capitulation de la citadelle d'Anvers, 1832.
24 Assassinat du duc de Guise par ordre d'Henri III, 1588. — Machine infernale organisée par les jésuites et royalistes contre la vie de Bonaparte, premier consul, 1800. — Le président Hénault, 1770.
25 Jésus de Nazareth, 1. — Charles le Chauve, couronné empereur à Rome, 875.
26 Helvétius, 1771.
27 Tentative d'assassinat d'Henri IV par Jean Châtel, élève des jésuites, 1594. — Assassinat du général Duphot par les sbires de la cour de Rome, 1798. — Ronsard, 1585. — Mabillon, 1707.

28 Pierre Bayle, 1706. — Prise de Spire par les Français, 1793.
29 Expulsion des jésuites comme coupables et instigateurs de l'assassinat d'Henri IV par Jean Châtel ; pendaison des deux jésuites Guinard et Quétet comme complices du régicide Jean Châtel, 1594. — Victoire de Turenne à Mulhouse, 1674. — Montyon, 1820.
30 Borelli, savant observateur, 1679.
31 Daubenton, 1800.

N° VIII

Observations sur l'usage et la destination des éphémérides précédentes.

Après la leçon de l'*Agenda agricole*, dont nous avons parlé à la page 46, l'instituteur communal devrait en ouvrir immédiatement une autre exclusivement biographique et historique. Chaque jour, il raconterait à ses élèves, soit la vie d'un homme célèbre ou par ses vertus qui doivent leur servir d'exemple, ou par ses méfaits qui doivent leur indiquer le danger à éviter ; soit l'histoire d'un événement dont la patrie ait à s'enorgueillir, ou dont l'humanité ait à réparer les désastres et à conjurer le retour. Le canevas de ce cours se trouve dans ces *éphémérides* (voy. page 3).

Dans ce but, chaque jour l'instituteur devrait avoir recours, pour sa leçon du lendemain, à une biographie ou à un livre d'histoire écrit avec indépendance et philosophie, afin de se pénétrer intimement de son sujet, de grouper et déduire exactement les dates. A peu d'exceptions près, et ces exceptions sont marquées d'un astérisque*, les noms d'hommes ou d'événements sont inscrits le jour où l'homme célèbre a cessé de vivre et où l'événement s'est passé. La coïncidence du jour de la date et du jour de la leçon ne serait pas un des moindres moyens de graver la leçon d'une manière durable dans la mémoire de l'élève.

L'instituteur aurait soin de juger les hommes et les événements d'après les règles de la raison et de l'humanité, et en se gardant bien de tout ce qui aurait l'air d'un appel aux passions de l'époque. Car la grande leçon qui ressort des vicissitudes de l'histoire, c'est le pardon réciproque des souvenirs.

EXEMPLE D'UNE LEÇON QUOTIDIENNE D'HISTOIRE.

18 Juin 1815 ;;; Waterloo!

Ombres des braves immolés en ce jour à l'aristocratie européenne et à la théocratie romaine, par la trahison organisée de quelques enfants indignes de la France républicaine !!!

Ombres de héros si valeureusement tombés à la fin d'un combat à outrance, qui, sans le succès de la trahison, vous aurait compté pour vingt victoires !

Ne redoutez rien de ma plume septuagénaire ; elle est contemporaine et sœur de votre épée et elle est restée française dans les bons comme dans les mauvais jours.

Héritier de votre infortune, je n'ai cessé de la porter noblement au sein des privations et des humiliations de plus d'un genre ; si quelqu'un en a rougi, ce sont mes persécuteurs, dont des milliers déjà m'ont précédé sans gloire dans la tombe.

Je vais narrer en peu de mots, à la génération nouvelle qui s'étudie à devenir digne de vous, cette journée problématique où votre combat de géants ne put préserver la France de la fatalité qui l'a humiliée.

Oh ! que nulle raison de philosophe et de logicien ne vienne me désillusionner de cette douce pensée que la faible voix de ceux qui luttent encore ici-bas pour la même cause que la vôtre, peut être entendue de ceux qui, dans les hautes et paisibles sphères de la suprême intelligence, se reposent au sein de l'éternité, des luttes héroïques qu'ils ont soutenues sur cette terre!

Les 19 et 20 mars 1815, il se passait aux Tuileries

un double et étrange phénomène, dans un de ces épisodes presque paradoxaux dont fourmille notre histoire moderne.

D'un côté, la lourde corpulence de la royauté du droit divin descendait à pas de loup, une à une, les marches de l'escalier dérobé, à la timide lueur d'une lanterne sourde ; royauté légitime abandonnée à son propre sort par le Ciel dont elle disait tenir sa couronne, et par les hommes qui, la veille et à deux genoux, lui avaient fait serment de vaincre ou de mourir pour elle.

Louis-le-Désiré se sauvait en exil sans avoir la consolation même de pouvoir se dire Louis-le-Regretté ; le vide s'était fait autour de lui pour laisser passer la justice du peuple.

D'un autre côté, et dès le lendemain 20 mars, juste l'avant-veille du premier jour du printemps, Napoléon rentrait aux Tuileries à la tête de quelques centaines de ses gardes, et escorté de cent mille Parisiens qui ébranlaient les airs de leurs acclamations enthousiastes. Du port Juan jusqu'à Paris, partout il avait vu les populations accourir sur son passage et l'armée lui présenter les armes.

L'Europe, éveillée en sursaut par la nouvelle du débarquement de son prisonnier dans un des ports les plus ignorés de la France, en gagna un éblouissement, à la nouvelle de son entrée triomphale dans la capitale.

Quoi ! ce tyran maudit des populations redevenait en un jour l'élu du peuple ; la réapparition de cet *Ogre de Corse*, la terreur des petits enfants, faisait pleurer de joie et les conscrits et les mères. L'usurpateur béni ! la royauté légitime conspuée ! C'était vraiment, disait l'aristocratie européenne, à ne pas en croire ses yeux ; et les Marmont, les Talleyrand, les Fouché, etc., s'en cachèrent un instant de terreur et de honte.

Ce jour, ce seul jour, avait de nouveau brouillé toutes les cartes d'Europe et rappelé à la pudeur toutes ces nullités que nos revers avaient un instant érigées en quelque chose.

Napoléon, dans son exil, semblait n'avoir fait que retremper, pour ainsi dire, la fabuleuse activité dont la nature avait doté sa constitution et son intelligence : La royauté s'était plu à désorganiser l'œuvre de cet homme et à démolir jusqu'aux fondations tout ce qu'il avait édifié ; armée, finances, administration, partout elle avait fait table rase, pour tâcher d'y rétablir le vieux passé et l'oubli des temps présents. Mais en deux mois le génie de cet homme vraiment extraordinaire avait tout réparé et tout réorganisé : armée et administration. Comme pour mieux alléger sa tâche, toutes les nuances politiques de la révolution s'étaient fondues en une seule, au cri de : *Sauvons la France des mains des Bourbons et de l'étranger*. Les soldats de Jemmapes s'unissaient fraternellement à ceux de Marengo et d'Austerlitz ; les diplomates de 93 à ceux du Directoire et de la paix d'Amiens ; tous, animés du même esprit, défendaient, contre les royautés de droit divin, la nationalité de la France, sauf à débattre plus tard le chapitre de ses libertés. Au cri de *Sauvons la France*, la jeune génération se sentait prise d'un entraînement qui rivalisait avec le dévouement imperturbable des cohortes vieillies au feu de la mitraille.

Napoléon n'avait qu'une centaine de mille hommes à opposer aux cent quatre-vingt mille que l'ennemi avait massés à la hâte sur nos frontières du Nord. En quelques jours il leur fait face et se trouve en présence de deux généraux ennemis d'un mérite plus que secondaire et qui n'avaient jamais jusque-là tenu longtemps devant notre armée :

1° Blücher, général prussien, fougueux soldat sans doute, mais général casse-cou, malheureux pendant quinze ans dans toutes ses manœuvres, et que nos soldats ne connaissaient bien que par l'épisode de Brienne en 1814, alors que, surpris en fumant sa longue pipe dans sa chambre, il n'eut, pour se soustraire à l'ennemi, que le temps de sauter par la fenêtre et de se sauver à travers champ.

2° Wellington, général en chef de l'armée anglaise, toujours battu en Espagne par nos simples généraux ; jamais vainqueur, si ce n'est en guerillero et contre des convois ; battu en dernier lieu, pendant deux jours à Toulouse, par 20,000 français, lorsqu'il avait 80,000 soldats à opposer à une aussi faible armée, harassée de fatigues et abattue par le spectacle écœurant de la trahison ; stratégicien au hasard, commandant sans initiative, froid dans l'action faute de pouvoir être entraînant, restant toujours sur la défensive ; et dont l'unique tactique consistait à trouver une position à ses yeux inexpugnable, pour transformer son champ de bataille en une citadelle où il se barricadait avec des forces doubles de celles de l'ennemi ; il profitait ensuite de l'ombre de la nuit, pour s'esquiver sans tambour ni trompette, dès qu'il voyait la furie française sur le point de le prendre à l'assaut ; comptant ainsi au nombre de ses victoires la chance d'avoir échappé à l'ennemi.

Tels étaient les deux seuls champions que l'aristocratie européenne avait pu opposer à celui qui si souvent l'avait forcée d'accepter la loi du vainqueur après mainte bataille.

Le 16 juin, et avant d'avoir pu opérer sa jonction avec Wellington, Blücher fut tout surpris de se trouver en présence de l'armée française à Ligny, Sombreffe et Fleurus. Il avait sous ses ordres plus de 80,000 Prussiens ; Napoléon n'avait à lui opposer que 59,000 hommes. L'attaque des Français fut dès les premiers instants jugée irrésistible ; les soldats prussiens, culbutés à droite, à gauche, au centre, se replient régiments sur régiments, et finissent par prendre la fuite dans le plus complet désordre ; ce ne fut plus qu'une déroute ; Blücher lui-même fuyait si fort, poursuivi l'épée dans les reins, qu'il en fut désarçonné et tomba à plat ventre sous les pas de nos chevaux. Deux fois nos cavaliers lui passèrent sur le corps sans le reconnaître ; un fuyard prussien l'avait dérobé aux regards de l'ennemi, en jetant sur l'humiliation du chef le manteau filial de la discipline militaire. Et pourtant, la veille du combat, un général français dont le nom est devenu une injure militaire, Bourmont le transfuge, avait porté à Blücher tous les renseignements qu'on pouvait désirer sur la marche et les ressources de l'armée française et sur le plan de bataille de Napoléon. Il est juste d'ajouter que Blücher ne reçut qu'avec l'expression du plus profond dégoût un pareil traître, tout en faisant usage du fruit de sa trahison.

Notre armée n'en avait pas à rougir ; ce Sinon vendéen ne lui appartenait que de la veille ; il n'avait obtenu un commandement dans l'armée qu'après avoir sollicité son pardon à genoux devant celui qu'il devait trahir quelques heures plus tard.

Les Prussiens une fois débandés, Napoléon quitte

Ligny et atteint Mont-Saint-Jean, comme au pas de course, pour marcher à la rencontre de Wellington. Il avait donné l'ordre à Ney de devancer l'armée anglaise à la position des Quatre-Bras, qui était un point stratégique d'une très-grande importance à cette époque, et avant que l'aristocratie anglaise eût eu la précaution de faire défricher, sur une étendue de plusieurs lieues, la forêt de Soignies, témoin trop indiscret des imprévoyances de son héros dans cette journée. D'un autre côté, Napoléon avait confié à Grouchy la mission la plus importante de toutes, qui était d'empêcher la jonction des débris de l'armée de Blücher avec celle de Wellington; car Blücher ralliait ses fuyards du côté de Wavre.

A ce moment, Wellington se doutait encore moins que ne s'en était douté Blücher deux jours auparavant, de la marche de l'armée française : la nouvelle que Napoléon avait pris position à Mont-Saint-Jean survint au héros anglais, le 17 au soir, dans un des salons aristocratiques de Bruxelles, au moment où il exécutait un quadrille avec ce flegme britannique qui n'indiquait rien moins que des graves préoccupations d'esprit. Son dernier entrechat fut un bond vers la porte; il n'avait pas trop de temps pour chausser des bottes et aller tenter de barrer le passage à l'armée française en s'établissant à Waterloo. Là, selon sa tactique, il se hâta de barricader la gauche de son armée dans la ferme d'Hooghmont dont il cribla les murs de meurtrières, et d'abriter son centre et sa droite derrière un pli de terrain fortifié par un ruisseau bourbeux qu'une pluie torrentielle avait creusé la veille au pied de cette fortification naturelle. Dans le trouble de son esprit, il s'était acculé contre la lisière de la forêt de Soignies, ce qui, en cas de revers, lui aurait rendu toute retraite impossible. C'est cette faute qui le sauva en l'empêchant de fuir.

A tant de précautions, indices d'une crainte sérieuse, notre armée, inférieure du double en nombre, n'opposa toute la journée que la poitrine découverte de nos soldats ; et, dès le lendemain matin, 18 juin, le signal du combat donné, nos soldats montent à l'assaut de ces citadelles avec cette impétuosité et cet ensemble qui en tous les temps ont fait l'admiration de l'ennemi. La ferme de Hooghmont, hérissée de canons de fusil, est emportée de force, ruinée par la mitraille, escaladée par les Français ; la garnison anglaise, qui composait l'aile gauche, est passée au fil de l'épée ou délogée par les flammes, là où elle se trouvait perchée trop haut pour la portée de l'épée ; le peu qu'il en resta alla se replier sur le centre.

Malgré les difficultés du terrain, à chaque instant, le centre de l'armée anglaise se trouvait labouré par des avalanches de cavaliers français ; « la terre tremblait, disait Wellington, sous les pas des chevaux qui arrivaient au galop ; » les bataillons écossais se jetaient à plat ventre à chacune de ces charges irrésistibles, et, pour les atteindre de la pointe de leurs lattes, nos cavaliers étaient forcés de se suspendre à la crinière de leurs chevaux : « C'est admirable, s'écriait Wellington décontenancé ! » Admirable sans doute, mais terrible et foudroyant ; ses plus braves capitaines tombaient un à un ; ses meilleurs régiments étaient décimés d'heure en heure ; presque tous les représentants des noms aristocratiques du Royaume-Uni trouvèrent la mort dans cette journée et tombaient les uns après les autres à côté de Wellington.

De toutes parts les officiers anglais accouraient auprès de leur général qui restait adossé contre le tronc d'un arbre séculaire, et lui demandaient ce qu'ils avaient à faire dans l'état de démoralisation de l'armée ; car la panique entraînait déjà les fourgons et la réserve sur la route de Bruxelles :

« Attendez, attendez », leur répondait chaque fois Wellington, qui ne pouvait pas dissimuler son découragement et sa panique et que l'on surprit souvent une larme à l'œil.

Attendez! ce mot est celui de la grande énigme de ce jour. La fuite leur était impossible ; se faire hacher jusqu'au dernier ou se rendre à merci, il n'y aurait pas eu d'autre alternative ; sans un de ces coups inattendus du sort, Wellington aurait bu jusqu'à la lie les conséquences de la faute inexplicable qu'il avait commise en adossant son armée contre la lisière d'une forêt.

Pas une seule fois, pendant cette fatale journée, il n'osa prendre l'offensive et donner l'exemple de l'entraînement ; il ne lui restait donc qu'un seul parti à prendre ; attendre que les estafettes envoyées coup sur coup par Napoléon au général Grouchy, pour l'amener sur le champ de bataille, fussent interceptées par le chef d'état-major Soult, ou bien que Grouchy mettrait en poche ces messages et les déroberait à l'impatience, à la rage des généraux et des soldats, qui demandaient à cor et à cri de marcher sur le bruit de la canonnade que chacun entendait distinctement ; les soldats trépignaient du pied, les généraux menaçaient de prendre sur eux la responsabilité de la désobéissance et de l'infraction à la discipline militaire ; tous voulaient voler de leur propre élan au-devant de l'ennemi ; Grouchy, dans son bivouac, ne bougeait pas plus que Wellington au pied de son tronc d'arbre.

Ce flegme de Grouchy sauva le flegme de Wellington. Celui-ci fut heureux de ne pouvoir fuir, car il était à bout de forces et de patience, quand tout à coup un point parut à l'horizon du côté de Wavre : « C'est Grouchy ! enfin ! tout est gagné, s'écriait Napoléon. » — « C'est Blücher, nous sommes sauvés, dit Wellington, se redressant de toute la hauteur de son apathie. »

Napoléon en doutait ; Wellington en était sûr ; et dans le même moment, un cri des mieux nourris de *sauve qui peut* partait de tous les coins de l'armée française ; ce cri, jusque-là inconnu de nos soldats, on l'entendait de tous les côtés, et nul n'aurait pu dire d'où il partait. Le désordre suivit ce cri, et notre admirable succès de toute la journée se changea en une déroute telle que jamais les annales de notre révolution n'en ont mentionné une semblable. Le plan de la trahison avait ainsi sorti tous ses effets ; les compagnons de Jéhu, en s'insinuant dans les rangs de l'armée française, avaient manœuvré avec un infernal ensemble ; Bourmont les y avait bien organisés. Napoléon apprit ce jour à ses dépens que les blancs sont toujours blancs, comme les bleus sont toujours les bleus, et que le parjure est œuvre sainte à l'école de ces Pères de la foi qu'il avait réchauffés dans le sein de l'empire.

Le même soir, la nouvelle de l'issue du combat de Waterloo se répandait jusques dans les provinces méridionales de la France ; le télégraphe n'était pour rien dans la rapidité de cette communication ; la nouvelle, c'était le plan que l'on divulguait, tant on était sûr de sa future exécution et de sa réussite.

Dès ce moment les massacres des libéraux par les

royalistes commencèrent sur une grande échelle dans ces pays fanatiques : on égorgeait les mamelouks à Marseille, on canardait leurs femmes qui se sauvaient à la nage dans le port; on égorgeait le maréchal Brune à Avignon ; Trestaillons tirait à la cible sur les protestants à Nismes ; Pointu, une liste à la main, abattait d'ici, de là tel ou tel honnête homme qu'il rencontrait dans les rues et sur les grandes routes ; notre nom a figuré sur cette liste; mais notre bonne étoile nous sauva de l'exécution dans deux ou trois rencontres. Les compagnons de Jéhu se nommèrent Verdets ; les Pères de la foi se révélèrent jésuites ; les égorgeurs se disaient du parti des honnêtes gens ; les égorgés étaient désignés comme des brigands ; les amis de la patrie étaient dénoncés par les amis de l'étranger ; un parjure et un signe de croix donnaient accès à toutes les places ; on devenait ainsi général sans jamais avoir vu le feu, magistrat sans avoir fait la moindre étude, chef de division sans savoir un mot de français. Bourmont rentrait en France à la suite des bagages, Guizot à la suite de la maison du roi. Nos savants et nos littérateurs, à force de crier : *Vive le roi !* tâchaient de faire oublier l'enthousiasme avec lequel ils avaient acclamé, quelques jours auparavant, celui qu'ils appelaient *le sauveur de la France*. J'ai vu alors les Cuvier, les Chaptal, les Arago, etc., ces grands adulateurs du chef de l'empire, s'agenouiller aux pieds de leur légitime souverain. J'ai vu le protestant Cuvier et le protestant Guizot rayonnant de faveurs royales, au moment où l'on égorgeait en masse les protestants dans les Cévennes. J'ai vu Villemain, et Cousin je crois, se hisser de leurs modestes chaires à des places de division du ministère de la police. Ney était condamné à mort, expiant ainsi le tort d'avoir exécuté de si mauvaise grâce l'ordre de devancer les Anglais aux Quatre-Bras; Grouchy, à la suite de quelques pourparlers pour la forme, était fait pair de France; et Soult portait un cierge dans les rangs d'une procession expiatoire. De leur côté les Anglais se hâtèrent d'importer à Londres l'arbre au pied duquel Wellington pleurait, et de faire défricher, sur un nombre suffisant de lieues, la forêt de Soignies, témoin trop indiscret de l'imprévoyance de l'homme que Blücher sauva d'une ruine complète. Les Anglais ont porté leur Wellington aux nues, afin de ne pas avoir la peine de le laver.

Quant à Napoléon, à qui l'histoire reprochera des fautes politiques et sociales, mais ne refusera jamais le titre du plus grand génie militaire et administrateur des temps connus, Napoléon, contre la foi des traités, était livré à la lâche rancune de l'heureuse médiocrité qui avait désormais nom Wellington; et ce Wellington, devenu l'arbitre de la puissance anglaise, le livrait aux stupides tracasseries d'une brute, d'un Hudson-Lowe, sur le sommet d'un rocher où l'air vital manque même à l'apparition des herbes. Sa prison n'y fut qu'un long raffinement d'agonie, et l'accès de sa tombe, refusé à la vénération, ne s'ouvrit plus qu'à la dérision et à l'insulte. Plus tard, les flots nous ont rendu ses cendres; un million d'hommes en ont salué le retour; les destins aussi changeants que les flots ont fait enfin justice de tant d'humiliations; et si quelque chose peut venger la France de tant d'outrages, c'est de voir toute cette aristocratie anglaise aplatir aujourd'hui son orgueilleuse diplomatie, au moindre froncement de sourcil qu'elle croit apercevoir dans le regard de la France régénérée.

D'un autre côté, la royauté de droit divin a été s'éteindre en exil dans des tombes ignorées. Un jeune Français, Lascases, au grand applaudissement des citoyens de Londres, a zébré des coups de sa cravache la face de cet ignoble Hudson-Lowe, créature digne de Wellington. Enfin le peuple anglais, plus juste et plus généreux que son aristocratie, a jeté des trognons de chou au nez de son Wellington, un jour d'ovation où il acclamait un de nos généraux qu'il croyait, à tort ou à raison, être resté fidèle à la cause du génie malheureux.

Et moi, jeune homme inconnu alors, j'ai survécu cinquante ans à ces désastres de notre gloire et de notre moralité nationale, comme pour les venger de ma faible plume, sur tous les champs de bataille de l'insurrection contre la tyrannie, contre les mauvaises lois, contre la mauvaise science, contre la mauvaise presse et contre la pire de toutes, la presse des partis masqués. Et quand je pense que, dans cette lutte acharnée de chaque jour, j'ai vu tomber avant moi tant de traîtres, tant d'agents provocateurs, tant de souverainetés, tant de magistratures, tant de persécutions enfin ; quand je pense que j'ai su, pauvre, honni et proscrit, échapper à la calomnie, à la mort dans les ruisseaux, à la mort dans les prisons, aux coalitions de prétendus amis, au poison des Pères de la foi et au poignard des sicaires, et cela sans avoir jamais pâli une seule fois, même dans les circonstances suprêmes, tout en faisant rougir de honte ou sécher de crainte la tourbe de mes persécuteurs et de mes spoliateurs ; je vous le demande, n'ai-je pas acquis le droit de me croire le vainqueur de la lutte, et de dire aux hommes noirs et aux hommes bariolés de toutes ces époques :

«C'est à moi, entendez-vous, à rire de vous aujourd'hui; *ego subsannabo vos;* car c'est moi qui sur le champ de bataille suis resté debout; c'est moi qui foule vos tombes et les préserve, par ma voix qui pardonne et mon exemple qui entraîne, de l'insulte pourtant bien méritée des passants. »

Enfants de la génération nouvelle, effaçons, par notre oubli, toutes ces souillures de notre histoire; les représailles ne sont que l'imitation des méfaits et la reproduction d'une culpabilité, c'est-à-dire d'un sacrifice humain; n'ayons désormais recours, pour nous rendre justice, qu'à l'arme de la discussion; pour ouvrir de nouvelles voies au génie de la France, la plume est aujourd'hui une arme toute-puissante, tenue qu'elle est par la main souveraine du suffrage universel. Qui vous indiquerait un autre mode de défendre vos droits ne pourrait être qu'un de ces agents provocateurs dont nous avons tant de fois déchiré le masque. Ne trempons jamais notre plume dans l'encre de l'hypocrisie ou du servilisme, à quelque prix que ce soit. Croyez-en ma vieille expérience, c'est à ce prix que l'on gagne ici-bas, sinon une fortune rapide et une célébrité précoce, du moins des longs jours d'une douce solitude et d'excellentes nuits.

N° IX

TRAITÉ SUCCINCT
DE
MÉTÉOROLOGIE PRATIQUE
OU
L'ART DE PRÉVOIR LE TEMPS
AVEC UNE CERTAINE PROBABILITÉ (*).

PRÉFACE.

Origine du mouvement qui a imprimé de nos jours une nouvelle impulsion aux études météorologiques.

Ce n'est pas d'aujourd'hui que les physiciens, c'est-à-dire les observateurs, se sont occupés des grands problèmes que nous offrent à résoudre les phénomènes de l'atmosphère.

La preuve, c'est que presque toute la nomenclature météorologique nous vient des grands philosophes de l'antiquité grecque, qui n'avaient peut-être fait que traduire la nomenclature des Égyp-

---

(*) Pour la démonstration des diverses énonciations de ce petit Traité, nous renvoyons le lecteur au *Cours de météorologie* développé, depuis 1853 jusqu'en 1860, dans notre *Revue complémentaire des sciences appliquées*, etc., 6 vol. in-8.

tiens, des Phéniciens et surtout des Chaldéens, ces pères de l'astronomie et de nos légendes hébraïques.

La météorologie pratique, c'est-à-dire l'application de l'observation des phénomènes passés à la prévision des phénomènes à venir, date de tout aussi loin.

Pendant les siècles de barbarie, les clercs étant les seuls lettrés, la prévision des temps devint un de leurs apanages, et le bréviaire eut en tête son almanach.

La publication des almanachs destinés aux campagnards remonte à la naissance de l'imprimerie; ils renfermaient le calendrier de l'année, la prévision des jours bons ou mauvais pour chaque mois de l'année courante, celle des grands événements politiques dans le langage amphigourique de Nostradamus, souvent la reproduction des prédictions de ce pauvre barbouilleur de prophéties, puis l'énumération des jours de foire et des jours *solemnisés* par les parlements, enfin un *agenda agricole* pour indiquer les époques des semis et des récoltes. Dans le principe, ces almanachs s'intitulaient *pronostications* : Jean Laet publia à Louvain sous ce nom, pour l'an 1478, un almanach qui s'est continué sous son nom jusqu'en 1560.

Le *Compost* ou l'*Almanach des Bergiers* remonte à l'an 1493 et s'est continué jusqu'à la Révolution; nous possédons celui de l'année II de la République française.

Rabelais a fait un almanach sous le titre de pronostications. Nostradamus a commencé en 1557 une série de *grandes pronostications* nouvelles, qu'il a continuées jusqu'en 1562. C'est en 1636 que l'astronome Mathieu Lansbert ou Laensberg a inauguré la série de l'*Almanach Liégeois* et *double Liégeois* qui se continue encore aujourd'hui.

Toutes les prédictions de ces pronostiqueurs se basaient sur les rapports de la lune avec le soleil et les autres planètes; rapports occultes et symboliques exprimés en termes d'alchimie; par exemple : *Saturne et Jupiter mal affectionnez à Diane* (la lune). — *La lune se trouvant en la teste de son dragon.* — *La conjonction de Jupiter à Vénus.* — *La lune se trouvant au sagittaire, dans le domicile de Jupiter, et exaltation de la belle Vénus*, etc.

Ce genre de style mystique a nui grandement aux savants

astronomes autant qu'aux chimistes de ce temps-là. Ils ne sont devenus à nos yeux que des astrologues, comme ces derniers ne sont que des alchimistes, des soustracteurs de quintessences. Et pourtant, pour écrire de tels *rebus*, ils avaient besoin d'un grand fond de connaissances en astronomie : car ils étaient livrés à eux-mêmes pour calculer les phases de la lune, les équinoxes, les solstices et les éclipses.

Leurs pronostications des phénomènes atmosphériques étaient basées sur des observations directes continuées pendant une longue série d'années; leurs pronostications de l'avenir n'étaient que des applications de l'observation du passé. L'astronome était bien vieux quand il débutait dans la carrière du pronostiqueur et de l'astrologue.

Tous accordaient aux phases de la lune une influence directe sur les changements du temps, sur les phénomènes et le développement de la vie végétale et animale.

Cette croyance aux influences de la lune vint se noyer dans le cataclysme philosophique du dix-huitième siècle, qui fit table rase de toutes les superstitions dont les siècles d'ignorance avaient imbu l'esprit humain. Une telle influence parut aussi absurde que tant d'autres, par cela seul qu'elle était donnée comme occulte et comme s'écartant, ainsi que la légende biblique de la création du monde, du cadre des grandes et immuables lois d'où découlent les phénomènes de notre univers.

Cependant cette sentence de proscription ne fut pas sans appel : dès le milieu du dix-huitième siècle, Toaldo, illustre astronome et physicien du continent de la Vénétie, donna une nouvelle impulsion à la doctrine des influences de la lune sur les phénomènes météorologiques; il publia, à dater de 1773, un *Journal astro-météorologique* qui devint le centre d'une correspondance très-active, et dans lequel il inséra le résultat de travaux sérieux sur le flux et le reflux de l'Adriatique, sur les rapports du baromètre et du thermomètre, sur l'application des observations météorologiques à l'agriculture. De son côté, et à partir de 1666, l'Académie des sciences avait reconnu toute l'importance des études météorologiques; et, à l'époque de Toaldo, Duhamel-Dumonceau avait inauguré cette ère par une série de ses *Observations botanico-météorologiques*, et Maloin, par celle de ses *Observations médico-météorologiques*.

En 1799, Lamarck, ce savant zoologue et botaniste, reprit, sous un autre point de vue, la question de l'influence de la lune sur les phénomènes de l'air et des eaux ; il publia chaque année un *Annuaire météorologique*, où il faisait l'application de sa théorie à la prévision du temps. Dans l'annuaire pour 1808, il proposait aux savants de l'Europe la fondation, dans un des États puissants, de l'établissement central d'une grande *Correspondance météorologique*, et il en donnait un *specimen* dans un écrit périodique intitulé *Correspondance météorologique de France*. A côté de Toaldo et de Lamarck, l'abbé Cotte enregistrait chaque jour les phénomènes de l'atmosphère dans des tableaux d'observations qu'il insérait, chaque mois, dans les divers journaux ou recueils scientifiques de la capitale ou de la province.

Par malheur pour ce genre d'études, Napoléon, voulant amener son ami le républicain Monge à se laisser affubler du titre de Comte de Peluze, ne trouva pas de moyen plus ingénieux que de faire entrer d'emblée dans l'Académie des sciences trois jeunes élèves qu'il avait gagnés à ses idées ; ils sortaient à peine des bancs de l'École polytechnique et n'avaient encore rien produit qui pût servir de titre à un pareil avancement. Ces trois élèves nés coiffés étaient Arago, Biot et Poisson. Le département de l'astronomie et ses dépendances fut dévolu à Arago ; le calcul à Poisson, et la physique à Biot. Ces trois imberbes se mirent à vouloir sauter à pieds joints sur les vieux barbons de la science ; de rien ils étaient devenus tout par la grâce de Dieu. On dénonça dès lors à Napoléon, Lalande comme athée et le laborieux Lamarck comme sortant de sa spécialité pour faire le Mathieu Laensberg. On peut hardiment assurer que Lalande fut menacé d'être mis à Charenton, et que Lamarck reçut l'ordre de rentrer dans l'étude des *animaux sans vertèbres*.

Dès ce moment, la météorologie recula de cent ans. Pendant quarante-deux ans que dura le règne d'Arago, les portes de l'Observatoire furent fermées à l'étude sérieuse de cette science ; tout s'y est borné à continuer la série des observations barométriques et thermométriques qui remonte à 1666. Quant à la théorie et à l'application de ses données, ce ne fut plus qu'une lettre morte. Aussi, pendant tout cet espace de temps, la science météorologique n'a pas fait un seul pas, et n'a été l'objet que de quelques considérations qui à nos yeux d'aujourd'hui ne sont que des enfantillages. Devant ces puissants sinécuristes, s'occuper de météorologie même avec une certaine constance, c'était un titre à la proscription.

On avait donc relégué dans le plus profond oubli tous les travaux antérieurs de météorologie, en sorte qu'en 1849 encore, pas un livre classique de physique ne faisait mention, comme météorologues, des noms de Toaldo, de l'abbé Cotte, de Lamarck, etc.; à qui aurait dit que Lamarck avait publié une série d'*Annuaires météorologiques*, Arago lui-même aurait ri au nez. En cela je partageais l'ignorance de tout le monde, tellement que, lorsque mes observations particulières m'amenèrent à proposer le nom si rationnel de *Lunestice*, rien n'aurait pu, faute de bibliothèque, m'amener à découvrir que le mot *Lunistice* avait été créé par l'astronome Lalande et adopté par le météorologue Lamarck.

C'est du mois d'avril 1849 que datent mes études météorologiques (*). Lorsque je me vis claquemuré dans un cabanon de Doullens pouvant à peine contenir un lit, un poêle, une table à manger, une table à écrire et deux chaises, le tout éclairé par une fenêtre grillée, je compris qu'après avoir terminé mes travaux en voie de publication, l'étude qu'il me serait le plus aisé de poursuivre, ce serait celle des phénomènes de l'atmosphère. Au milieu de cette tourbe d'agents provocateurs, de tous ces masques de républicains que le Jésuitisme des prisons avait rassemblés en ce gîte pour en faire un enfer à l'homme de cœur et d'étude, ma résolution ne pouvait manquer de rencontrer bien des obstacles et des mystifications; Loyola, le lourd, gros, gras et... Loyola n'est ingénieux que dans ces sortes de malice : Il s'amusa d'abord à substituer des thermomètres défectueux aux bons thermomètres que l'on m'adressait de Paris; quand j'eus établi

---

(*) Voyez *Revue complémentaire des Sciences appliquées*, t. I, page 17, livraison d'août 1854.

un hydomètre dans l'une des quatre cours, arrivait le docteur Férus, de l'Académie de médecine, qui, dans l'intérêt de la salubrité publique, faisait faire table rase dans cette cour; il fallait m'établir dans une autre éloignée de ma surveillance. Ma patience se pliait à toutes ces tracasseries, lorsqu'un beau matin, tous mes papiers me furent enlevés par un directeur, membre de la société de Saint-Vincent-de-Paul; ils ont disparu dans la vente des meubles de ce saint homme, qui empruntait à tout le monde et ne payait personne, et qui finit par se dérober à ses créanciers sans doute en se cachant dans le fond d'une sacristie. Je jouis dès lors, de la part de l'administration, d'un équivalent de tranquillité; et, comme j'avais pour observer 24 heures de disponibles, j'allai vite en suivant cette voie.

En quelques mois j'avais résolu déjà quelques problèmes spéciaux de météorologie qui avaient été regardés jusque-là comme insolubles : *Explication de la scintillation des étoiles ; pourquoi les astres nous paraissent, sous le même diamètre angulaire, plus grands à l'horizon qu'au-dessus de l'horizon ; pourquoi il tombe, dans un temps donné, plus d'eau au pied qu'au sommet des tours et des collines; le mécanisme des marées ; la théorie de la formation des nuages et l'origine du vent ; enfin la possibilité de tracer d'avance la direction d'un orage par les cours d'eau ou les rubans de chemins de fer*, etc.; toutes vérités qui sont professées aujourd'hui sous un nom ou sous un autre.

Dès que l'exil m'eut rendu à la liberté de mes mouvements et de ma pensée, j'établis mon observatoire dans un pays qui voit, dans son respect illimité pour la liberté de la presse, la garantie la plus forte contre la licence privée et les abus des administrations; et là, dès 1854, je commençai à publier, dans la *Revue complémentaire des sciences* que je venais de fonder, un cours complet de mon *Nouveau système de météorologie*, dont j'avais pu sauver les matériaux des griffes du pieux emprisonnement.

Cette publication eut le sort de toutes mes autres; nul n'en écrivait rien, mais bien des gens s'en alarmaient. Les bons paysans du village que j'habitais profitaient de mes indications sur la prévision du temps, et en faisaient part à leurs connaissances. Chose qui ne fait pas honneur au journalisme de l'époque;

je n'ai jamais rencontré dans les journaux autant de bienveillance qu'auprès de ces braves gens-là.

Il y avait enfin péril en la demeure de la vieille conspiration du silence; car il fallait parler enfin de ce dont tant de gens parlaient en lisant la *Revue complémentaire des sciences;* or la sainte congrégation de l'*index* défend qu'on ne parle jamais de rien sous notre nom; et elle sait disposer de la publicité dans l'intérêt de ce silence.

Pour en parler donc et impatroniser le nouveau système dans le pieux enseignement, on avisa un adepte de la *Congrégation*, dont le nom, qui n'est pas précisément sérieux, semblait le plus convenir à cette pieuse espièglerie: Jobard, de Bruxelles, fut l'adjudicataire du principe de notre système; et dans une lettre d'excuse qu'il m'adressa, jamais Jobard dans ce monde ne se montra plus naïf et plus sans gêne; mais tout cela passe et s'excuse avec la croix et la bénédiction.

Les académiciens de France ne pouvaient pas rester en arrière, alors que Jobard s'en mêlait. Babinet ne se fit pas précisément le Jobard de l'Académie; Babinet n'est jamais copiste, mais toujours original; avec ses cyclones, ses courants chauds et ses courants froids, son mascaret de Caudebec et cent et une autres balivernes de la réclame, il détourna suffisamment par le ridicule l'attention publique d'un système sérieux; et quand la mesure de l'insuccès de ses prédictions fut comble, il se retira de l'arène en convenant, un jour de bonne humeur, qu'il n'y avait rien de plus bête que celui qui se mettait à prédire la pluie et le beau temps, et en promettant quant à lui qu'on ne l'y prendrait plus; il paraît qu'il n'a pas tenu parole.

Babinet s'était amusé aux bagatelles de la porte; un autre s'y prit alors d'une manière plus sérieuse et plus radicale; il produisit un petit livre en copiant textuellement le *Cours de météorologie* que la *Revue complémentaire* avait publié six ans auparavant dans la série de ses 72 livraisons. Le journal du Hâvre releva cette pieuse indignité, sur laquelle nos journaux libéraux en titre gardèrent le plus profond silence.

Cependant le nouveau système se faisait jour dans le monde studieux, tandis que l'Académie des sciences seule se maintenait dans son incrédulité par ordre, lorsqu'une révolution fit tout à coup tourner la roue de la fortune : Arago détrôné fut remplacé par Leverrier dans la souveraineté de l'Observatoire, et le *bel far niente* de l'observateur par la turbulence nerveuse du calculateur.

Car Leverrier n'était astronome que de plume, il n'avait jamais mis l'œil au télescope : il avait prédit une planète; sa prédiction lui avait compté pour une devination; et l'on ne s'était plus occupé du reste. Or la météorologie est un vaste champ de prédictions et de devinations; en dépit de la résistance de Biot, Regnault et de presque toute l'Académie, Leverrier se jeta dans la météorologie avec une ardeur de novice et de manière à prouver qu'il débutait dans l'exploitation de ce champ que nous avions mis tant de longs jours à défricher. Jusqu'à ce jour, avec les plus grandes ressources que l'État puisse confier à un homme, et faute d'entrer dans une voie qu'a tracée un mécréant, il n'a fait que gaspiller ces matériaux en prédisant des petites choses qui ne se vérifient jamais.

En Angleterre, Fitz-Roy, qui a donné à Leverrier l'exemple de cet emprunt incomplet aux nouveaux principes et de cette envie démesurée de se casser la tête à vouloir s'en écarter, Fitz-Roy, à bout de mécomptes et de désappointements, n'a pu survivre à son insuccès, et il a renoncé à la vie. Leverrier est trop religieux et trop croyant en Dieu, pour suivre *in extremis* son devancier et son modèle.

J'en oublie et des meilleurs dans l'ordre de ceux du peuple de Dieu qui se sont chargés de prendre aux Égyptiens les vases destinés à la construction du Tabernacle; car, par respect pour les morts, je ne parlerai pas d'un de ces heureux possesseurs d'emprunts qu'on a fini par griser de réclames, et qui, sans jamais avoir eu à manier ni baromètre ni thermomètre, s'est trouvé tout à coup emporté par le tout-puissant Belzébuth de l'époque jusqu'au faîte du temple de la météorologie, d'où il a plané en *prophète* sur tous les royaumes d'ici-bas; nous verrons sans doute cette année son manteau sur les épaules de quelque Élisée. L'Église maudit les savants : il lui faut à tout prix des Salettes, des tables tournantes, parlantes, des esprits frappeurs, des *me-*

diums, des spirites et surtout..... Qui nous dit que, de tous ces prophètes, ce petit livre, cette année, ne sera pas le Saint-Esprit? Dans ce cas, j'aurai à lutter avec les plus mauvais esprits de ce bas monde.

Quoi qu'il en soit, la météorologie, que les Biot, Régnault et Arago surtout avaient rangée parmi les chimères, a définitivement pris rang au nombre des sciences théoriques d'abord, d'une certaine probabilité d'application ensuite. On est entré dans cette voie que nous avons ouverte du fond de notre cachot, avec une mauvaise grâce qui finirait par la déprécier, jusqu'à ce qu'on nous en ait chassé par le nombre et la diversion ; autant nous en est arrivé dans cinq ou six voies nouvelles que nous avons tracées à la science.

Mais on s'y prend trop lentement ; force nous est de nous y remettre et de vulgariser, dans un tout modeste almanach, les principes théoriques et pratiques que ces messieurs abordent de si mauvaise grâce et tant à contre-cœur. Les lecteurs qui désireront de plus longs développements sur cette matière auront recours à la *Revue complémentaire des sciences appliquées,* revue mensuelle qui a commencé à paraître le 15 août 1854 et n'a cessé qu'au 15 août 1860, époque où la fatigue de trois publications, dans un pays de liberté illimitée, nous condamna au repos.

La grande impulsion qui a été imprimée aux études météorologiques est donc le fruit de nos quatorze ans d'études en ce genre. On a compris, par les résultats que nous avions obtenus et par les principes fondamentaux que nous avions posés, que la météorologie est désormais appelée à prendre rang parmi les sciences d'observation. Que nos académiciens fassent fausse route, n'ayant pas encore trouvé le biais pour se jeter avec gloire et profit dans celle que nous avons tracée ; ce qu'ils ne font pas, d'autres sauront le faire ; et c'est pour provoquer les bonnes intentions de tous que nous avons entrepris la rédaction de ce petit livre.

Ce qui a sans aucun doute contribué à faire nier pendant plus de quarante ans l'influence de la lune sur les phénomènes des saisons, c'est que dans l'état de la science d'alors, cette influence devait être rangée en général au nombre des causes occultes. Le système Newtonien de l'attraction et de la gravitation, si absurde dans son principe et pourtant si attrayant dans son application, avait jeté les esprits dans la négation d'une pareille cause des variations atmosphériques.

Mais un principe démontré est à lui seul une révolution tout entière : aussi, dès le moment que nous eûmes substitué au système de l'attraction le système atomique de la compression atmosphérique, et le système attractif du mouvement du monde par l'échange des atmosphères éthérées dont les atomes et les globes planétaires sont enveloppés, dès ce moment il fut démontré que l'atmosphère de la terre devait être refoulée périodiquement, tantôt dans un sens et tantôt dans un autre, par la compression des atmosphères éthérées du soleil, de la lune, et même, mais en moindres proportions, par les atmosphères éthérées des autres planètes ; et de là doit découler l'apparition alternative de tous les phénomènes atmosphériques qui font l'objet de la météorologie.

De ce système si fécond, nous allons donner le résumé succinct et la théorie de ses applications à l'année 1866; renvoyant, pour de plus amples renseignements, à la *Revue complémentaire des sciences appliquées*, où nous en avons jeté les bases, pendant six ans, à dater de 1854.

Principes fondamentaux.

1° Les lois de notre univers sont les mêmes pour les atomes que pour les corps célestes ; la cause du mouvement est une pour tous les cas, qu'ils soient ou non accessibles à notre vue.

2° Cette cause, unique dans son essence, et si multiple dans ses effets apparents, n'est autre que le calorique ou éther qui imprègne les mondes et forme une atmosphère spéciale autour de chacun d'eux.

3° L'éther-calorique tend à l'équilibre comme les fluides accessibles à notre vue ou à nos balances ;

c'est-à-dire, il tend à se répartir également autour des corps, à leur former à tous une atmosphère égale.

4° Les corps sont en mouvement, les moins riches en calorique autour des plus riches, jusqu'à ce que l'égalité ait été établie entre eux et que les atmosphères sphériques aient acquis le même diamètre.

5° L'éther, c'est le calorique en repos; le calorique, c'est l'éther en mouvement, jusqu'à ce que l'échange progressif ait amené l'égalité des atomes; et l'égalité, c'est le repos.

6° Un corps ne peut augmenter son atmosphère de calorique qu'en circulant spiralement autour du corps qu'il dépouille; il décrit une orbite autour de lui, jusqu'à ce que l'échange par égale part soit parachevé, ce qui fait un nouveau corps, une nouvelle unité, de deux unités d'abord inégales.

7° Le corps qui s'enrichit de calorique-éther s'échauffe aux dépens du corps qu'il dépouille et qui partant se refroidit.

8° En un mot, le mécanisme de notre univers se reproduit en petit dans un verre d'eau, où les atomes se meuvent les uns autour des autres et par la même cause que les planètes autour de notre soleil, et que notre soleil autour d'un autre soleil dont il n'est qu'une simple planète, et ainsi de suite jusqu'à cet infini dont l'horizon recule à mesure que notre imagination entreprend de le sonder.

9° Imaginez-vous deux pelotons contigus de fil, dont l'un s'enroule avec le fil d'un autre plus volumineux que lui, vous aurez une image grossière de la manière dont se fait l'échange de calorique entre le plus et le moins des atmosphères atomiques.

10° Notre terre, ainsi que les planètes, tourne donc

autour du soleil, parce qu'à chacun des instants de l'horloge de l'éternité, elle enrichit son atmosphère éthérée d'une quantité de calorique soustraite à l'atmosphère immense de notre soleil; l'atome-terre s'approche d'autant de l'atome-soleil en décrivant une orbite autour de l'écliptique solaire. La vie de plusieurs siècles ne rendrait pas accessible à notre faible vue la mesure de la quantité d'éther dont son atmosphère se serait enrichie pendant ce laps de temps, et du degré dont elle se serait rapprochée de cet astre.

11° La lune, notre satellite, qui fait partie du système de la terre, sur la limite atmosphérique de laquelle elle est placée, tourne avec elle autour du soleil, augmentant son atmosphère éthérée avec elle aux dépens de notre grand luminaire, ce qui lui imprime comme une double impulsion et l'empêche de tourner sur elle-même.

12° Il ne faut pas confondre le mot atmosphère éthérée avec celui d'atmosphère proprement dite, ou atmosphère aérienne chargée de la vapeur d'eau et des gaz les plus pesants; celle-ci occupe les régions les plus basses de l'atmosphère éthérée. Les atomes de l'air ne sont nulle part stationnaires, mais bien dans un incessant mouvement d'échange, qui, grossissant de proche en proche leur atmosphère et augmentant leur légèreté, les élève de plus en plus vers les couches supérieures de l'atmosphère, et cela jusqu'aux limites de l'atmosphère éthérée de la lune.

13° Il suit de là que le gaz hydrogène, qui se dégage des eaux et des substances organisées, doit abonder à mesure qu'on s'élève par la pensée dans les régions supérieures de notre atmosphère, tandis que l'oxygène et l'azote abondent à mesure que les couches d'air se rapprochent de la terre. Mais il s'ensuit aussi que nulle couche d'air ne possède la même constitution que celles qui lui sont immédiatement inférieure et supérieure; la légèreté des atomes atmosphériques marche par une progression géométrique dont le premier terme touche la terre et le dernier la limite atmosphéro-éthérée de la lune.

14° Chaque goutte de vapeur d'eau qui se dégage de nos mers et de nos rivières, de nos cours ou amas d'eau, est une bulle d'hydrogène enveloppée d'atomes d'eau d'une moindre atmosphère éthérée. C'est un ballon, pour ainsi dire, qui par sa légèreté entraîne son lest vésiculaire dans les régions supérieures, lest composé d'eau et de tous les gaz et corps volatils que l'eau rencontre à travers les couches de l'air.

Applications.

N. B. De ces principes ou axiomes nous allons déduire les conséquences météorologiques.

Brouillards.

15° Le brouillard ne se compose que de pareils petits ballons ou vésicules d'hydrogène enveloppées d'une écorce d'eau plus ou moins mélangée d'autres corps. L'hydrogène, étant le plus léger de tous les gaz, tend à monter au-dessus des couches aériennes saturées d'oxygène et d'azote; si ces vésicules séjournent à la surface de la terre, c'est que les vapeurs d'eau que l'élévation de la température avait portées dans les couches supérieures de l'atmosphère, se condensent le soir et au moindre refroidissement de l'air; que dès lors leur pesanteur spécifique les entraîne dans les couches de l'air les plus rapprochées du sol, surtout quand l'eau est imprégnée de substances pesantes, acide carbonique, carbone et autres substances miasmatiques qui en augmentent le poids. Dans ce dernier cas le brouillard est fétide, froid, et rase la terre. Dès qu'il monte dans les airs, il prend le nom de *nuage*. La vapeur que dégage la locomotive, met cette idée à la portée de tous les observateurs ; on la voit raser la terre sous forme de brouillard, s'élever dans les airs sous forme de nuage qui change de couleur selon que ses tourbillons réfractent ou réfléchissent les rayons lumineux ; tour à tour blancs de neige, ardoisés, bleus ou colorés en rose. Le brouillard s'élève alors que le baromètre monte ; il reste à la surface de la terre quand le baromètre reste stationnaire ; la hausse agit en ce cas comme une pompe aspirante. Il se forme des brouillards secs et fétides que le vent dissémine et chasse raz de terre à des distances fabuleuses ; il en arrive souvent de tels des *polders* de la Hollande, jusqu'aux frontières de la France.

Rosée et gelée blanche.

16° La rosée peut venir autant d'en haut que d'en bas, autant de la condensation de l'humidité de l'air sur les feuilles des plantes terrestres, que de celle de l'humidité de la terre dont la vapeur est surprise, au sortir du sol, par le refroidissement de l'atmosphère. La terre s'en imprègne et en devient humide, les végétaux herbacés la retiennent en perles adhérentes à la surface de leur foliation.

La gelée blanche n'est qu'une rosée surprise par un refroidissement descendu au-dessous de zéro. Il peut geler à pierres fendre, sans qu'il se forme de *gelée blanche ;* il suffit pour cela que le froid arrive après une certaine sécheresse, et alors que la terre ne cède aucune humidité à la pompe aspirante que fait fonctionner l'ascension de la colonne barométrique.

Nuages.

17° Tant que les vapeurs d'eau occupent les régions les plus basses de l'atmosphère, elles y flottent et se déroulent en tourbillons comme de la fumée ; elles forment un nuage de vapeurs, un *nuage enfumé*. Mais, arrivées à une région plus élevée et plus froide, leurs atomes se rapprochent, leurs particules aqueuses s'attirent en cristallisant ; le gaz hydrogène se condense entre leurs interstices et semble s'y solidifier. Ces vapeurs, si fugitives et si faciles à se séparer, forment corps entre elles ; c'est alors un *nuage de neige*, un flocon de neige gigantesque qui s'accroît de plus en plus, et peut, si petit qu'il nous paraisse, occuper une étendue de plusieurs lieues ; immense radeau de neige qui navigue dans les plaines de l'air à quelques lieues au-dessus de nos têtes.

A mesure que ce nuage de neige monte et traverse des régions de plus en plus froides, il continue son œuvre de condensation ; ses molécules se rapprochent même par la fusion, et la neige se transforme en glace ; l'immense flocon de neige devient alors un immense glaçon, un radeau de glace, qui peut acquérir la transparence du verre, et nous laisser voir, à travers son épaisseur, le soleil, la lune et même les étoiles, ou en déformer et en multiplier les images par la réfraction, en dévier les rayons par la réflexion, en raison de ses accidents de surface, comme le fait un bloc de verre taillé en facettes planes, concaves ou convexes; et produire enfin tous les phénomènes connus sous les noms de *halos, parhélies, parasélènes* et *aurores boréales*.

18° Vous allez me demander, dans votre surprise, comment de pareils blocs de neige et de glace peuvent rester suspendus sur nos têtes et ne pas fondre sur nous pour écraser sous leur poids tout ce qui nous entoure. C'est là l'impression que le simple énoncé de cette proposition produit au premier abord sur l'esprit des hommes même qui ont contracté l'habitude d'approfondir les merveilles de la nature; mais cette impression se dissipe bientôt devant les explications que nous allons donner de ce phénomène.

19° La glace, on ne saurait le nier, est plus pesante que l'eau; et cependant un bloc de glace surnage, et l'eau le charrie comme du bois à sa surface, si vaste que soit ce radeau. Qui soutient ce glaçon, si ce n'est la quantité d'air que le glaçon condense dans sa substance, quantité d'air supérieure à celle dont l'eau est imprégnée. Car l'eau qui se dépouille par l'ébullition de la quantité d'air qu'elle tenait en dissolution, reprend cet air en se refroidissant; et plus elle se refroidit, plus elle condense d'air dans ses molécules; la progression continue indéfiniment par le refroidissement, ce qui fait qu'à $+4°$ centigr. elle renferme plus d'air qu'à $+10°$, et que partant à $0°$ elle condense plus d'air qu'à $+4°$, et ainsi de suite. Donc, plus la glace est compacte et exposée à un plus grand refroidissement, plus elle est imprégnée de l'air de l'atmosphère où elle se condense. Cet air la soutient à la surface de l'eau, comme un gaz léger soutient le plus immense et le plus lourd ballon à la surface d'un air plus dense.

20° Or, dans quelle région les vapeurs hydrogénées d'eau se condensent-elles en blocs de neige ou de glace? N'est-ce pas dans les régions où montent les gaz plus légers que l'air que nous respirons dans les basses régions de l'atmosphère? C'est donc de ce gaz si léger que le radeau de neige ou de glace s'imprègne dans les hautes régions de l'atmosphère, remplaçant par ce gaz l'air atmosphérique qu'il pourrait recéler, et qui, à cause de sa pesanteur spécifique, retombe dans les régions inférieures. Le radeau se soutient ainsi d'autant plus facilement dans les airs qu'il monte dans des régions plus élevées de l'atmosphère ; car plus il s'élève, plus il jette de son lest et renouvelle le gaz hydrogène qui contribue à sa légèreté, en se condensant par le refroidissement entre ses molécules. Donc, ces immenses radeaux, dont l'idée seule étonne notre imagination, ne sauraient tomber comme une pierre sur nos têtes; ils voguent dans les airs comme un glaçon ordinaire à la surface de l'eau, à cause de leur légèreté spécifique plus grande que celle du milieu qui les supporte.

21° Si vous voulez vous convaincre que la glace contient plus d'air que l'eau, placez un glaçon dans une cloche renversée et pleine d'eau à la température ordinaire; et vous verrez les bulles d'air du glaçon se dégager par des stries canaliculées dans une même direction, et venir s'accumuler en une couche distincte au sommet de la cloche. L'ébullition produirait le même effet pour l'eau, et en dégagerait en bulles toute la quantité d'air dont elle serait saturée.

22° Ne confondez pas la formation de la neige qui tombe en flocons avec la formation de ces grands nuages de neige. Le flocon de neige, c'est la gouttelette de pluie qui gèle en traversant une couche d'air glacial); cette neige se forme en descendant d'une région chaude dans une région froide. Le nuage de neige, au contraire, se forme en montant d'une région chaude dans une région froide.

Mais un nuage de vapeurs, de neige ou de glace, ne saurait rester stationnaire dans un milieu aussi mouvant que l'air; il faut qu'il monte, s'il augmente le volume de gaz qui fait sa légèreté; qu'il descende, s'il s'en dépouille. Mais il ne peut prendre ni l'une ni l'autre de ces deux directions par la verticale, à cause de la résistance du milieu; il ne peut se déplacer qu'en refoulant l'air qui s'oppose à son ascension ou à sa chute; dans l'un et dans l'autre cas, il suit la résultante et la diagonale; il ne monte pas, il gravit; il ne tombe pas, il suit une pente.

Il monte en refoulant l'air vers le haut; il descend en refoulant l'air vers la terre, et dans une direction contraire à celle de son inclinaison. L'air refoulé, c'est le vent, c'est le zéphyr ou la tempête, selon la rapidité de la chute ou de la descente du nuage; ce qui fait que le nuage peut marcher par sud, en même temps que le vent souffle par nord. Quand le nuage monte, ce qu'on reconnaît à ce qu'il diminue de diamètre, il y a calme en dessous; quand il redescend et refoule l'air vers le bas, le vent se déchaîne; ce vent tombe dès que le nuage a dépassé notre zénith. Car c'est un fait d'observation que l'arrivée de chaque nouveau nuage qui nous paraît grossir, et qui, par conséquent, se rapproche de la terre, est précédé d'un coup de vent.

Pluie.

23° Mais un nuage de *neige* ou de *glace* ne peut re-

descendre dans les régions les plus basses de notre atmosphère, qu'en fondant couche par couche et de proche en proche; d'un autre côté, nous avons dit que la glace ne fond qu'en se dépouillant de la quantité d'air qui faisait sa légèreté (19°); elle reprend l'aspect et la densité de l'eau, qui tombe dès lors en se tamisant à travers le filtre de l'air en gouttelettes de pluie.

Placez sur un tamis de soie ou de crin une couche de neige ou une lame de glace par une température chaude, et vous aurez en petit devant les yeux tous les phénomènes de la pluie en dessous du tamis.

La neige échauffée par la température de l'air, et plus encore par les rayons du soleil, se condensera en fondant : une partie filtrera en gouttelettes de pluie; l'autre cimentera pour ainsi dire ses flocons en se congelant, et formera un bloc de glace à la place de l'amas de flocons de neige, pour fondre à son tour par l'action incessante des rayons solaires. La pluie ne cessera qu'après l'épuisement complet de l'amas de neige ou du glaçon.

Il ne peut donc pleuvoir que lorsque les nuages descendent d'une région froide dans une région chaude de l'atmosphère. Sans doute un nuage de glace voguant dans les régions les plus froides de l'air, peut éprouver une fusion sous le dard des rayons solaires ; mais les gouttes d'eau qui s'en échappent ne tarderont pas, en tombant, de se congeler de nouveau à l'ombre des glaçons fondants, et de redevenir flocons de neige ou glaçons imprégnés du même gaz hydrogène; ce qui les soutiendra vers cette hauteur à l'état de noyaux de nuages.

Humidité du pavé, pronostic de la pluie.

24° En certains endroits, et toutes les fois que le temps menace de la pluie, on voit certains pavés de pierres poreuses devenir humides : ce sont des pavés posés sur un sol habituellement humide, et qui le deviennent eux-mêmes par la capillarité et leur porosité. Lorsque le temps est au beau et que le baromètre monte, cette humidité est absorbée par l'air ambiant et portée de proche en proche dans la région des nues, à mesure que la capillarité l'amène du sous-sol à la surface de la pierre où elle ne séjourne pas ; le pavé est sec alors, quoique traversé à chaque instant par l'humidité de la terre. Mais, dès que le baromètre redescend, l'humidité qui s'exhale des nuages redescend à son tour et sature les couches inférieures de l'air, qui dès lors n'en reprennent plus au sol ; de sorte que l'humidité du sol s'accumule à la surface du pavé et y séjourne. L'humidité de l'air qui descend ainsi est une bruine microscopique; c'est de l'eau à l'état pulvérulent, et dont les molécules ne sont pas encore agglomérées en gouttelettes de pluie.

Capillarité.

25° Les pyramides éthéro-atmosphériques tendent à se mettre en équilibre ; elles oscillent ; l'équilibre une fois atteint, c'est le repos : théorie de la balance. Un liquide contenu dans un tube vertical où l'on a fait le vide y monte jusqu'à ce que le poids de la colonne incluse fasse contrepoids à la colonne atmosphérique ; c'est alors un tube barométrique.

Mais dans un tube vertical ouvert par les deux

bouts, le liquide dans lequel plonge l'ouverture inférieure de ce tube n'en montera pas moins, quoique moins haut, et d'autant moins haut que sa pesanteur spécifique ou densité sera plus grande. Pourquoi, ainsi que dans le vide et lorsque le bout supérieur du tube vertical est fermé à la lampe, le liquide ne monte pas de toute la hauteur qui contre-balance la colonne atmosphérique? Parce que la colonne qui pèse sur l'orifice supérieur contre-balance la pression de la colonne atmosphérique qui presse sur la surface du liquide dans lequel l'extrémité inférieure du tube est plongée. Mais alors pourquoi le liquide monte-t-il jusqu'à un certain point dans le tube? Cela vient de ce que la colonne atmosphérique partielle qui pèse sur l'orifice supérieur du tube vertical, ne saurait faire contre-poids à celle qui pèse sur toute la surface du liquide; c'est la partie qui ne saurait faire équilibre au tout : la différence entre les deux colonnes est, pour ainsi dire, équivalente à une fraction du vide.

La hauteur qu'atteindra donc le liquide dans le tube vertical sera proportionnelle au rapport fractionnaire des deux colonnes atmosphériques, l'une surplombant sur l'orifice supérieur du tube vertical, et l'autre sur toute la surface du liquide dans lequel plonge l'orifice inférieur. Cela étant admis, il s'ensuivra que le liquide montera d'autant plus haut que le calibre du tube interne sera moindre; en sorte qu'en admettant que, dans un tube d'un calibre a, le liquide monte d'une hauteur b; dans un tube d'un calibre d'un demi a, le liquide montera d'une hauteur de rb, et ainsi de suite.

Ainsi s'explique tout naturellement, en vertu du nouveau système de météorologie atomique, cette prétendue loi de la *capillarité*, qui avait tant de peine à se faire comprendre par le système de l'attraction, dont la base est non-seulement imaginaire, mais d'une absurdité physique irrécusable.

Vents impétueux et tempêtes.

26° Plus la descente du nuage fondant sera rapide, c'est-à-dire plus le nuage, fondant et condensé ou dépouillé du gaz léger qui le soutenait au plus haut des airs, sera pesant (plus pesant par le déplacement de son centre de gravité que l'espace d'air qu'il occupe), et plus violemment l'air qu'il chasse devant lui sera refoulé; ce qui produira en certaines circonstances un vent capable de renverser des édifices, de faucher des forêts et de bouleverser des villes. Une simple avalanche des montagnes ne suffit-elle pas pour lancer tout un village à des distances phénoménales, avant d'être arrivée sur les lieux et comme en soufflant dessus? La tempête ou typhon et le zéphyr sont le plus et le moins d'effet de la même cause.

En l'absence de tout nuage, le vent peut provenir aussi des mouvements de la mer. En effet, la pression atmosphérique qui refoule la mer vers les côtes pendant le flux rend sa surface d'autant plus concave que la force du refoulement est plus grande; lorsque cette force cesse, et qu'au flux succède le reflux, la surface de la mer devient convexe. Évidemment, cette alternative de pression et de dépression doit imprimer à l'air atmosphérique un mouvement d'aspiration et d'expiration, comme le ferait le jeu d'un éventail, d'une vanne, d'un soufflet qui ramène et refoule l'air, et produit ainsi deux forts courants alternatifs et en sens contraire.

Vents alizés ou moussons. Vents de terre.

27° Ces sortes de vents sont des déplacements d'air occasionnés par la marche du soleil vers l'un ou l'autre hémisphère ; car le soleil ne saurait échauffer la couche d'air d'une région sans la dilater, et partant sans repousser la couche d'air qui précède la première.

Trombes d'eau.

28° Nous pouvons dès à présent nous figurer, sans recourir au merveilleux, un nuage de neige ou de glace ayant une surface de plusieurs lieues, accidentée de collines et de vallées du côté du ciel, tout autant que de voûtes et de mamelons du côté de la terre. De ces collines couleront dans ces vallées les produits liquéfiés par le dard de la lumière solaire, comme cela arrive sur les glaciers des Alpes. Il pourra se former ainsi des lacs d'une certaine étendue au-dessus de ce vaste plancher, de ce vaste radeau suspendu dans les airs, qui se rapproche de la terre par la diagonale et tend à fondre de plus en plus. Or rien n'use la glace comme l'eau ; il pourra arriver un moment où le fond de ce lac aérien, foré par l'action de l'eau, crèvera tout à coup ; par cette ouverture, l'amas d'eau s'échappera, comme d'une cataracte, sur les terres sous-jacentes, et y produira un cataclysme proportionnel à sa masse, bouleversant de fond en comble des villages et des cantons entiers, comme un simple seau d'eau bouleverse une motte de terre et nivelle le sol tout autour ; c'est là l'explication d'une trombe d'eau émanant des nuages. Il est une autre trombe qui est la résultante du courant de deux vents d'une direction contraire ; celle-ci fait monter l'eau de la mer en forme d'entonnoir, comme deux courants d'eau opposés creusent la surface du fleuve en un entonnoir qui tourne et entraîne au fond tout ce qui est à la surface et à la surface tout ce qu'il rencontre au fond. Cette trombe d'eau, fréquente sur les mers, est dans le cas de broyer des navires, comme le serpent boa broierait un agneau en l'enserrant dans les plis de ses spirales.

Trombes de terre.

29° Le vent contre le vent détermine une trombe de vent, un entonnoir tournant comme une toupie dans l'air, de même que l'eau contre l'eau détermine un entonnoir d'eau creusant la masse d'eau de la surface jusqu'au fond du lit du fleuve. Deux nuages, refoulant l'air en sens contraire l'un de l'autre, déterminent ces trombes d'air ou trombes de terre : comprimez l'air violemment avec deux palettes inclinées et rapprochées par leur sommet, et vous déterminerez, sur la poussière du sol, un tourbillon, une trombe de sable ou de paille, différant des deux premières seulement par les proportions.

Orages, éclairs et tonnerre.

30° Nous avons dit que le nuage de neige et de glace est imprégné d'hydrogène condensé ; gaz qui le soutient d'autant plus haut dans l'atmosphère que sa formation s'est faite plus haut et dans une région où le gaz soit plus raréfié, c'est-à-dire où les atomes du gaz soient enveloppés d'une plus grande couche d'éther-calorique. Ce nuage tend à descendre, en prenant, par la fusion commençante, une plus grande densité ; il arrive dans la région où commence à s'accumuler l'oxygène. Or, chacun sait qu'une simple bluette fait détoner un mélange d'hydrogène et d'oxygène. Ici ce mélange se fait, comme dans une éprouvette, dans le sein de ce glaçon transparent et réfringent.

Qu'un rayon de soleil, réfracté par les accidents lenticulaires de la surface de ce glaçon, de cette vaste éprouvette, se concentre sur un des foyers de ce mélange, et il n'en faudra pas davantage pour que tout un immense traîneau de glace de plusieurs lieues vole en éclats, avec une explosion capable de faire trembler la terre et avec une flamme dont le dard pourra faire fondre les lingots d'or, réduire en cendre les plus grands arbres, renverser de fond en comble les tours les plus antiques, et cela dans le moindre clin d'œil : Ce dard de la flamme, c'est l'éclair qui frappe ; l'explosion, c'est le tonnerre qui suit l'éclair.

Je déduis des conséquences ; soyez conséquent en me lisant ; et, avec la meilleure envie de railler, vous resterez convaincus que je ne vise en tout ceci nullement au merveilleux, mais à expliquer les phénomènes atmosphériques : la nature ne change pas de lois, en changeant de proportions.

Le bruit de l'explosion suivra d'autant plus près l'éclair que le nuage sera plus près des témoins de l'orage ; et l'orage suivra la direction vers laquelle l'air, que le nuage refoule et qui le charrie pour ainsi dire, éprouvera le moins d'obstacle de la part des accidents du terrain. En général, l'orage suit le cours des fleuves de préférence aux voies de terre ; et, après le cours des fleuves, de préférence les longs rubans des chemins de fer.

L'orage du 17 juillet 1865 est un exemple sur une large échelle de cette seconde préférence ; car il a marqué de ses désastres toute la ligne du chemin de fer du Nord, à partir de Saint-Quentin jusqu'à Liége et au delà, sans s'en écarter, à droite et à gauche, que par deux étroites lisières, et avec une rapidité telle qu'il a franchi en deux heures la distance entre Saint-Quentin et Liége, en suivant les sinuosités du chemin de fer, plus de 25 lieues. Il ne faudrait pourtant pas déduire de ce principe qu'on soit plus en danger, pendant un orage, quand on voyage par les chemins de fer que par toute autre voie de communication : je ne sache pas que les journaux aient mentionné un cas de mort par ces sortes d'accidents ; car le voyageur est protégé contre la foudre par l'action isolante de la couleur à l'huile et du vernis qui enduit le wagon, ainsi que par la vitre qui clot les portières ; mais surtout par la vapeur d'eau et la fumée goudronnée, qui, rejetées en arrière par la résistance de l'air, enveloppent constamment le convoi comme dans une nue protectrice.

Grêle, grêlons, grésil, grésillons.

31° Une telle explosion doit réduire en poudre le nuage de glace, comme l'explosion d'un mélange d'hydrogène et d'oxygène réduit en poudre le plus épais flacon de cristal. Si le nuage est proche de la terre, il pleuvra des fragments solides de ce vaste radeau, fragments qui s'usent en s'entre-choquant, de manière à modifier leurs formes extérieures, à roder leurs angles, et, comme forces égales, à prendre les mêmes dimensions. En général, il pleut alors de la *grêle* en *grêlons* plus ou moins considérables selon les chances de l'explosion. Ces grêlons varient de poids, depuis un gramme jusqu'à plusieurs kilogrammes dans nos contrées ; l'histoire en mentionne des blocs du volume d'un à deux mètres de long sur plusieurs centimètres d'épaisseur. Leur forme varie à l'infini selon qu'ils s'entre-choquent, qu'ils s'isolent, qu'ils fondent en tombant ; il en tombe de ces blocs qui gardent les dimensions et l'aspect anguleux des fragments de glace que charrient nos fleuves après la débâcle.

Il ne faut pas confondre les *grésillons* avec les *grêlons :* les *grêlons* sont des fragments d'un nuage qui a fait explosion ; les *grésillons* sont des gouttelettes d'eau qui se sont condensées en passant d'une région échauffée par le soleil dans une région refroidie par le passage et sous l'ombre d'un nuage. Le *grésillon*, toujours de forme arrondie, sphérique ou ovoïde, a tout le cotonneux du flocon de neige (17°) avec un peu plus de compacité : par le temps de giboulées, il pleut des grésillons ; ce n'est pas de la neige, c'est du grésil.

Gouttes de pluie d'orage.

32° Les fragments du nuage de glace, qui a fait explosion dans le plus haut des airs, ne peuvent traverser l'air sans s'échauffer et sans subir un commencement de fusion sur toutes leurs surfaces. En général, ils arrivent en complète fusion et tout à fait liquides à terre ; en gouttelettes de pluie plus ou moins larges, mais toujours plus larges que par les pluies ordinaires, par les pluies provenant de la fusion lente et filtrée des nuages. Les gouttes sont d'autant plus larges que l'explosion du nuage de glace a eu lieu plus près de nous.

Nomenclature des nuages.

33° Avant d'aborder l'application de ces principes à la prévision du temps, il n'est pas inutile de convenir d'une nomenclature pour pouvoir désigner l'aspect du ciel par celui des nuages.

Nous nommons :

Ciel magnifique, le ciel sans aucun nuage, vapeur ou brouillard.

Ciel assez nuageux, ou *assez beau*, quand les nuages recouvrent environ la moitié de l'espace.

Ciel nuageux, ou *beau*, quand l'espace qu'ils recouvrent équivaut au quart de la calotte apparente du ciel ; et *très-beau*, si les nuages sont rares.

Ciel très-nuageux, quand la surface qu'ils recouvrent équivaut aux trois quarts de la calotte apparente du ciel.

Ciel couvert, quand la couche de nuages accidentés cache entièrement la calotte du ciel.

Ciel tamisé, quand la couche de nuages qui recouvrent le ciel est tout unie et comme nivelée ou passée au tamis.

Ciel enfumé, quand au-dessus de la couche tamisée courent des nuages ardoisés qui se déroulent comme une fumée ; ces flocons ne sont autres que des nuages de pluie que l'air comprimé par les nuages supérieurs lance par-dessus nos têtes et à de grandes distances vers la terre.

Ciel sombre et *ardoisé*, quand la couche de nuages qui recouvrent le ciel laisse passer fort peu de lumière.

Ciel givreux, ciel des temps froids, qui tamise assez de lumière et ressemble à un verre dépoli.

Ciel voilé, ciel que recouvre comme une vapeur qui tamise la lumière, et où le blanc vaporeux remplace le bleu du ciel.

Ciel vaporeux, quand le bleu du ciel est recouvert comme d'une gaze, par les vapeurs d'eau.

Ciel brouillardé, quand un brouillard raréfié permet de distinguer l'horizon et même le zénith.

Ciel pluvieux, quand il menace de la pluie.

Ciel gibouleux, quand, d'instant en instant, il passe au zénith des nuages qui déchargent des giboulées.

Ciel cerné, quand l'horizon est bordé et ceint de nuages ordinaires sans trop d'accidents de surfaces.

Ciel alpestre, quand les nuages qui cernent l'horizon présentent l'aspect d'immenses montagnes de neige, avec leurs immenses glaciers, leurs créneaux, leurs pitons, leurs contre-forts et leurs cimes qui se déforment et s'inclinent d'instant en instant en fondant sous l'action des rayons solaires. C'est du haut d'une colline ou d'un plateau, que l'on est plus à même de bien observer, à l'horizon, le magnifique panorama d'un *Ciel alpestre*. Ainsi, à Bellevue, Clamart, Bicêtre, au Mont-Valérien, à Montmartre et même sur la route d'Orléans, il n'est nullement rare d'observer ce magnifique phénomène; car l'œil plonge alors sur la surface supérieure de cette chaîne de montagnes de neige ; tandis que, dans le fond d'un vallon, on ne voit les nuages que par leur surface inférieure, celle que la fusion de la neige et le filtrage de l'eau unissent et ardoisent.

Ciel moutonné, lorsque les nuages s'avancent sous la voûte du ciel, isolés, mais rapprochés, égaux de forme et d'aspect, arrondis ou ovoïdes, enfin, par une image grossière, analogues à un troupeau de moutons aperçu à vol d'oiseau.

Ciel treillagé, quand le radeau de nuages par suite d'un mode de fusion partielle, aminci et comme découpé, forme un treillage de barres s'enlaçant régulièrement et sous un même angle variable chaque fois.

Ciel guilloché, ou ciel des grands froids, offrant des surfaces recroquevillées en arabesques, et comme de ces arborisations qui recouvrent nos vitres.

Ciel digité, lorsque d'un point de l'horizon émergent, en divergeant, des filets longs et empennés de nuages, sous forme d'un éventail ; on dit alors *digité* par le point de la rose des vents sur lequel ces filets nuageux s'implantent : digité par N. ou S. ou N.-O., etc.

Ciel panaché, quand les nuages affectent la forme de longs panaches blancs.

Ciel interférent, à nuages en longues lames parallèles ou concentriques et normales à la direction qu'ils suivent.

Ciel strié, quand les nuages s'étirent en filets parallèles ou divergents.

Ciel aranéeux, quand le ciel est comme tendu d'une apparence de toile d'araignée, par un réseau de longs jets nuageux.

Ciel charriant, quand les nuages, en compartiments plus ou moins angulaires, voyagent comme de conserve et en gardant entre eux les mêmes espacements.

Ciel erratique, quand des nuages éblouissants de blancheur, sur leurs bords spécialement, voguent sous un ciel bleu sans aucune direction arrêtée, s'éloignent, se rapprochent et se confondent souvent, deux à deux ou trois à trois, pour former un nouveau nuage.

Ciel flottant, quand, sous un ciel bleu, un immense nuage, plus ou moins treillagé, vogue comme un de ces radeaux de bois flotté qui se laissent aller au courant du fleuve.

Un nuage de pluie déforme son profil au gré du vent et comme le fait un tourbillon de fumée ; il est sombre ou ardoisé.

Un nuage de neige est éblouissant de blancheur par la réflexion des rayons solaires, quand nous le voyons de face ; ardoisé, quand nous le voyons par-dessous. Il ne se déforme, il n'altère ses contours qu'en fondant aux rayons solaires ; on voit alors ses pitons se rapprocher mollement de ses vallées ou de ses collines, et ses flancs se creuser de vallées.

Un nuage de glace a ses bords anguleux et nettement tranchés ; il garde longtemps son profil ; il est souvent si transparent, qu'on voit les astres et le bleu du ciel, çà et là, à travers son épaisseur.

Le ciel flamboyant est le ciel magnifique, grandiosement coloré avant le lever ou après le coucher du soleil.

Le ciel coloré, assez coloré, très-coloré, est le ciel nuageux dont les nuages, occupant le quart, la moitié, les trois quarts du ciel, sont colorés d'un côté en aurore, en pourpre, jaune d'or ou en différentes nuances de ces trois couleurs, et de l'autre côté en bleu plus ou moins intense.

N. B. Cette nomenclature peut suffire pour désigner l'aspect général du ciel, sauf, dans les observations journalières, à tenir compte des particularités exceptionnelles.

Arc-en-ciel.

34° *L'arc-en-ciel* ou *iris*, cette messagère du calme après la tempête, d'après la mythologie, est plutôt l'effet et la conséquence que la cause du calme. *L'arc-en-ciel* n'apparaît que lorsque le nuage pluvieux s'éloigne de notre zénith et qu'il continue à pleuvoir par calme en s'éloignant de nous. Il ne se peint que sur un rideau perpendiculaire de pluie ; et il s'éloigne de nous avec ce rideau qui sert, pour ainsi dire, de toile au pinceau des rayons solaires. Les extrémités de l'arc, qui reposent sur la terre, ne sont souvent qu'à une distance de quelques dizaines de mètres du lieu de l'observation. Mais, pour que *l'arc-en-ciel* se peigne ainsi sur ce tableau perpendiculaire qui s'éloigne, il faut qu'un nuage de glace s'interpose entre ce tableau et le soleil, et que les bords de ce nuage dévient par diffraction les rayons lumineux au moyen d'une courbe en quelque sorte lenticulaire. Ce sont les rayons qui glissant contre les bords de ce glaçon qui viennent se peindre sur la toile de pluie, sous différents angles les font diversement diverger vers notre œil ; les plus divergents nous donnant la sensation de la couleur rouge, les suivants celle de la couleur bleue, les suivants celle de la couleur jaune ; trois couleurs les plus apparentes et qui, en se mêlant à leur point de contact, fournissent des nuances appréciables. Pratiquez au volet d'une chambre obscure un croissant à travers lequel puissent passer les rayons solaires, et vous recueillerez, sur un écran parallèle au volet, l'image d'un *arc-en-ciel* céleste.

Mais que le moindre souffle vienne déranger la perpendicularité du rideau de pluie, et y former un nuage ; et l'arc-en-ciel éprouvera à cette place une solution de continuité, comme cela se passerait sur un écran de la chambre obscure à l'endroit où l'on déchirerait et l'on bossèlerait la toile.

Aurore boréale.

35° L'aurore boréale n'est due qu'à la réflexion des rayons solaires par les facettes d'un nuage de glace situé sous l'horizon ; elle n'est visible que la nuit et ne présente jamais les mêmes phénomènes, variant en raison des accidents météorologiques qui modifient les facettes du glaçon que rencontrent les rayons solaires. De là vient que ce phénomène ne se montre que vers la partie polaire de l'horizon, et que ce phénomène nocturne est d'autant plus fréquent, d'autant plus beau à voir et d'autant plus près du point nord de l'horizon qu'on habite plus près du cercle polaire de l'un ou de l'autre hémisphère. Il ne faut pas aller plus loin que la Belgique, pour avoir plus d'occasions qu'à Paris d'observer des aurores boréales.

Le 27 août de la présente année, à neuf heures du soir, un nuage, occupant la partie nord du ciel à une élévation de 30° au-dessus de l'horizon, se colora d'un magnifique rouge-pourpre qu'on ne pouvait attribuer à la réflexion de l'éclairage de Paris ; je n'hésitai pas à dire que nous avions sous les yeux un effet de quelque aurore boréale. Le lendemain, le journal annonçait, par dépêche télégraphique, qu'à la même heure on avait eu le spectacle d'une aurore boréale à Stockholm ; notre nuage en avait sans doute reçu un reflet.

Dans une chambre obscure, vous reproduirez ce phénomène, en faisant parvenir les rayons lumineux sur un système de corps réfléchissants placés au-dessous d'un écran qui les cache à la vue ; vous pourrez varier la physionomie de ces petites aurores boréales, de manière à y retrouver la reproduction de toutes celles que vous aurez pu observer de vos propres yeux.

N. B. Nous venons de décrire les divers phénomènes qui sont plus spécialement l'objet de la météorologie, nous devons maintenant étudier les lois qui président à leur retour.

Atmosphères éthérées des astres.

36° Nous avons déjà dit que tout atome visible ou invisible, simple ou composé, ne se met en mouvement qu'en augmentant son atmosphère éthérée aux dépens de l'atmosphère plus volumineuse d'un autre atome. Cette incessante soustraction fait décrire au moindre des deux atomes une spirale écliptique autour de l'atmosphère d'un diamètre supérieur, mouvement qui continue jusqu'à ce que les deux atmosphères soient devenues égales, marchent de conserve et forment une nouvelle unité, qui se mouvra autour d'une atmosphère plus riche, attirant à son tour et mettant en mouvement autour de son écliptique les atomes moins riches qu'elle en atmosphère de calorique-éther.

La terre ne retient la lune et ne tourne autour du soleil qu'à la faveur d'un tel mécanisme par échange.

Ne confondez pas l'atmosphère aérienne des physiciens, atmosphère dont ils placent la limite à environ seize lieues de la surface de la terre, avec ce que nous entendons par atmosphère éthérée de la terre : l'atmosphère des physiciens n'est que la région la plus basse de l'atmosphère éthérée, celle où s'élèvent, par rang de pesanteur spécifique, les gaz et émanations qui s'exhalent de la terre. Les gaz les plus pesants occupent les couches les plus basses, et ils s'élèvent de plus en plus haut, à mesure que leurs atomes deviennent plus légers en augmentant le diamètre de leur atmosphère de calorique. Car rien dans ce monde ne reste stationnaire; tout se meut pour se modifier; tout passe pour tendre indéfiniment vers un état supérieur au premier.

Notre terre tourne donc autour d'une des zones de cette atmosphère éthérée du soleil, que nous nommons la solatmosphère et que la terratmosphère oscule pour s'accroître aux dépens de l'atmosphère du soleil. Qui sait si l'image du soleil n'est pas autre que le point de la solatmosphère où se fait à chaque instant cet échange de calorique, ce dégagement de calorique au moyen de ce que nous pourrions comparer au frottement de deux globes tournant l'un autour de l'autre? Idée imprévue qu'on n'émet qu'avec la plus respectueuse réserve, et comme en demandant pardon à la sublimité de la nature d'une telle témérité.

37° Quoi qu'il en soit de ce rapport de communication et d'échange, il est un autre rapport, celui de la compression, qui désormais semble avoir pris pied dans la science pour se substituer à la théorie de l'attraction, laquelle n'était fondée que sur une donnée absurde, vu qu'elle est inconciliable avec les lois de l'univers.

Une planatmosphère ne peut circuler autour d'une solatmosphère, sans qu'il se produise de part et d'autre une dépression aux points de contact et d'osculation. La pyramide ou cône d'éther, qui supporte, de chaque côté des deux atomes, cette corde, est plus courte que toutes les autres qui restent en dehors.

Cette corde osculatrice se déplace par la rotation et décrit le cercle de l'orbite.

38° Il suit de là que notre terratmosphère subit, en tournant autour du soleil, une compression de la part de la solatmosphère, de la part de la lunatmosphère qu'elle entraîne avec elle, enfin de la part même de toutes les planatmosphères, à quelque zone de la solatmosphère qu'elles parcourent le cercle de leur orbite : compressions accessoires dont la force diminue sans doute avec l'éloignement, mais dont un jour il ne faudra pas moins tenir compte dans les calculs relatifs à la prévision du temps.

Signes barométriques.

39° Le baromètre nous donne pour ainsi dire la mesure de cette compression, en nous indiquant les rapports de hauteur de la colonne atmosphérique qui fait contre-poids à la colonne mercurielle. Moins la colonne atmosphérique est élevée et plus la colonne barométrique abaisse son niveau; plus la colonne atmosphérique s'allonge, en devenant libre et abandonnée à elle-même, et plus le niveau de la colonne barométrique s'élève. Nous allons voir pourquoi ces variations de niveau sont des signes de retour vers le beau ou le mauvais temps.

40° Nous avons établi que les nuages de neige ou de glace se forment dans les couches les plus élevées et les plus froides de la terratmosphère. La colonne d'air qui les supporte ne peut se raccourcir par la compression des atmosphères contiguës, sans que ces nuages descendent dans les régions plus chaudes que celles qu'ils occupaient. Là ils tendent à fondre, et, en fondant, à acquérir plus de densité et de pesanteur spécifique, circonstance qui activera de plus en plus leur abaissement. En comprimant les couches d'air comme un immense soufflet hydraulique, le nuage descendant déterminera le vent ou la tempête, en raison de la rapidité de sa descente, et l'orage, quand, en s'entre-choquant avec un autre nuage et comme en battant le briquet, il aura fait jaillir l'étincelle qui doit rencontrer le mélange explosif du gaz hydrogène que le nuage recèle et du gaz oxygène de l'air ambiant ; ou bien quand les rayons solaires, concentrés par un glaçon lenticulaire, atteindront à leur foyer un pareil mélange.

41° Les nuages accumulés sembleront au contraire disparaître et comme se dissoudre dans l'air, quand la colonne d'air qui les supporte, rendue à son antagonisme, montera comme pour se mettre au niveau des colonnes contiguës, ce qu'indiquera l'élévation de la colonne barométrique. L'agitation de l'atmosphère fera place au calme dès l'instant que ce mouvement d'ascension se manifestera ; car rien ne refoulera plus dès lors la couche d'air de haut en bas ; alors les nuages qui couvraient l'horizon finiront en s'élevant par disparaître à notre vue.

Un nuage qui diminue de diamètre monte ; un nuage qui grossit à nos yeux et augmente son diamètre, descend.

Il suit de là que le thermomètre doit baisser quand le baromètre monte et monter quand le baromètre descend.

Prévision du temps.

42° Or, la série des compressions atmosphériques que subit notre terratmosphère est toute tracée par la marche apparente du soleil et par la succession des phases de la lune, deux causes de changements dans la hauteur de la colonne atmosphérique auxquelles on pourra un jour ajouter, pour servir dans la pratique, les influences de compression qui émanent des planètes.

43° Le refoulement de la surface de l'Océan atmosphérique ne saurait mieux être représenté que par le refoulement de l'Océan terrestre, ce dont on peut se faire une image exacte en agissant par compression sur un simple bassin rempli d'eau.

Marées atmosphériques d'un quart de jour, du fait de la compression solatmosphérique.

44° Suivons donc le cours apparent du soleil sur son cercle diurne et sur son cercle annuel.

A son lever il est plus éloigné de notre station qu'à midi : donc plus il s'avancera, de six heures du matin vers le méridien, et plus il refoulera notre atmosphère. Plus le soleil s'avancera vers le colure de six heures du soir, et plus la portion refoulée de l'atmosphère tendra à reprendre son niveau et à se remettre en équilibre au-dessus de nos têtes. Du fait de la marche diurne du soleil, le baromètre descendra de six heures du matin à midi et remontera de midi à six heures du soir.

Mais ce reflux n'arrivera à l'équilibre que vers minuit, et le flux de minuit à six heures du matin; en sorte que, sans l'intervention de la lune et par le fait seul du soleil, notre océan atmosphérique aurait ses marées de six heures en flux et de six heures en reflux, comme notre océan terrestre.

Marées atmosphériques d'un quart d'année, du fait de la compression solatmosphérique.

45° Mais, par le fait de son cercle annuel, la compression solatmosphérique détermine des marées dont la durée n'est plus de six en six heures, mais bien de trois en trois mois.

Lorsque le soleil s'avance du tropique du Capricorne vers notre hémisphère, il refoule les couches terratmosphériques vers le nord et abaisse d'autant leur niveau de jour en jour, jusqu'à ce qu'il soit arrivé à la ligne équinoxiale, où, par suite de l'élévation du globe à l'équateur, la terratmosphère doit éprouver de la part de la solatmosphère une compression plus forte et un refoulement plus prononcé.

A partir de cette époque, et le refoulement augmentant vers le nord, la colonne barométrique atteint de ce fait ses plus grandes hauteurs, jusqu'à ce que le soleil soit parvenu au tropique du Cancer, c'est-à-dire au solstice d'été.

La vague qui avait monté jusqu'alors revient par un reflux sur elle-même.

Elle revient par l'autre côté de la calotte hémisphérique où le refoulement l'avait accumulée. La colonne barométrique atteindra sa plus grande hauteur pour retomber plus bas, quand le soleil aura atteint de nouveau la ligne équinoxiale. Le baromètre reprendra sa marche ascendante, quand le soleil se dirigera de cette ligne vers le tropique du Capricorne, c'est-à-dire vers le solstice d'hiver, et ainsi de suite. Mais il y a une autre circonstance astronomique qui tend à modifier cette indication : c'est que le soleil est plus près de la terre, c'est-à-dire est vers son *périgée*, pendant qu'il parcourt la moitié australe du zodiaque, et qu'il est plus éloigné de la terre (*apogée*) pendant qu'il en parcourt la moitié boréale. L'influence de la compression solatmosphérique sera donc plus forte pendant les mois de l'automne et de l'hiver que pendant les mois du printemps et de l'été.

46° Vous remarquerez que la colonne barométrique, en général, se maintient à un niveau plus élevé en été qu'en hiver : aussi le solstice d'hiver est plus fécond en tempêtes que le solstice d'été, l'équinoxe du printemps beaucoup plus que l'équinoxe d'automne, et le voisinage du solstice d'hiver plus fécond en tempêtes que le voisinage des équinoxes.

Marées atmosphériques du fait de la compression lunatmosphérique.

47° Les influences que nous venons de signaler pour les quatre points solaires, se répètent quatre fois par mois du fait de la lune; et ils accroissent ou amoindrissent l'intensité des influences solaires, selon que la lune s'avance dans le sens ou à contre-sens de la marche du soleil.

48° La lune partant du *lunestice austral* (L. A.) pour se diriger vers le *lunestice boréal* (L. B.), c'est-à-dire du signe du Capricorne vers le signe du Cancer, refoule devant elle les vagues atmosphériques et par conséquent les vagues océaniques vers le nord; aux premiers instants, et par suite de ce refoulement, la mer monte et le baromètre s'élève de plus en plus dans nos contrées; ce que produit toute vague qui enfle parce qu'elle est refoulée.

Mais à la lame convexe succède la lame concave, et le baromètre ne tarde pas à baisser proportionnellement à ce dont il était monté; le summum de cet abaissement se manifeste à l'*équilune* (Eq. L.), c'est-à-dire, quand la lune est arrivée à la ligne équinoxiale et à 0° de déclinaison.

Il ne faudrait pas croire que le refoulement de l'atmosphère se reproduira avec la même intensité à la fois sur toute l'étendue des régions placées sous le même parallèle; il est évident, par ce que nous connaissons du mouvement des vagues liquides, que la baisse sera au même instant plus forte en un endroit de la même latitude que dans l'autre. Mais il est évident aussi que l'ondulation d'un point donné se propagera successivement, et peu à peu dans le sens de la direction de la lame à droite ou à gauche, et qu'en conséquence, si l'on apprend par le télégraphe que la pression atmosphérique signalée par les principes de la prévision du temps se manifeste sur une contrée quelconque du globe, la même pression ne se manifestera sur les régions situées sur la même latitude, que dans un temps d'autant plus court que la distance des deux localités sera plus faible.

La lune continuant de refouler la vague atmosphérique vers le nord, et la lame refoulée revenant par le pôle sud, remplit de plus en plus le sillage que la pression de cet astre avait laissé ouvert derrière lui, et finit par combler la dépression qu'il opère en refoulant l'air. Le baromètre remonte à mesure que la vague atmosphérique s'élève de nouveau, jusqu'à ce que la lune ait atteint son *lunestice boréal* (L. B.), pour revenir de ce point vers son *lunestice austral*. On pourrait appeler ces quatre époques les *quadratures mensuelles de la lune*; et les autres quadratures, provenant de ses rapports avec le soleil, les *quadratures solaires de la lune*. A ces deux ordres de *quadratures* il faut ajouter les *quadratures diurnes*

49° Car il se produit, de la part de la lune, les mêmes dépressions, pendant son mouvement diurne au-dessus et au-dessous de notre horizon, les mêmes compressions atmosphériques enfin, que de la part du mouvement diurne apparent du soleil (45°); mais ce genre d'influence est moins accusé pour la lune que pour le soleil.

50° Quant aux quadratures solaires de la lune, qu'indiquent ses divers aspects, ce sont des circonstances qui doivent augmenter, comme par addition, la puissance des dépressions et des refoulements atmosphériques. En effet, lorsque la lune est en conjonction et interposée entre le soleil et la terre, évidemment la terratmosphère doit subir une double dépression bien plus grande que lorsque la lune est en opposition avec le soleil; ce qui fait que les phénomènes météorologiques sont plus intenses et plus prononcés autour de la Nouvelle que de la Pleine Lune ; tel est l'effet du coin qui s'interpose entre deux résistances. Ce qui n'empêche pas qu'en opposition (Pleine Lune), la lune n'accroisse sa puissance de dépression par la puissance antagoniste du soleil. Ces effets diminuent graduellement à mesure que la lune avance d'une *syzygie* vers l'un de ses *quartiers*, pour reproduire le mouvement de baisse à mesure que d'un de ses *quartiers* elle se dirige vers une de ses *syzygies*.

51° Les époques de *conjugaison*, c'est-à-dire alors que le soleil et la lune se rencontrent sur le même cercle de déclinaison et à la même distance l'un et l'autre de l'équateur, sont des circonstances qui impriment une plus grande intensité aux phénomènes de dépression atmosphérique qui viennent des autres influences du soleil et de la lune.

52° Enfin, ainsi que nous l'avons fait remarquer à l'égard du soleil, l'intensité des dépressions lunaires sera plus grande, toutes choses égales d'ailleurs, quand la lune sera à son *périgée* (45°), c'est-à-dire plus près de la terre, qu'à son *apogée* (45°), c'est-à-dire plus éloignée de la terre.

Les périgées et apogées de la lune reviennent aux mêmes époques de l'année solaire tous les neuf ans à peu près, et tous les dix-huit ans avec plus d'approximation.

Toaldo en avait conclu que les quantités de pluie seraient égales entre les années correspondantes de ce cycle ; la conclusion n'était pas rigoureuse.

C'est en calculant toutes ces données, fournies par la théorie et confirmées par une observation diurne et nocturne de plus de quinze ans, qu'on arrivera un jour à un équivalent d'exactitude, en fait de prévision de temps ; exactitude qu'il nous paraît aujourd'hui impossible d'atteindre et qui est ridicule à énoncer même avec la réserve d'une simple probabilité.

En attendant, et en ne considérant que comme des données approximatives les résultats de nos observations de près de quinze ans qui nous ont amené à cette nouvelle théorie, nous allons formuler les règles qui, pour les usages locaux, peuvent permettre de *prévoir le temps*, à quelque distance que ce soit, d'une manière plus que probable ; et avec une plus grande probabilité les variations de hauteur de la colonne barométrique, d'où découlent le beau et le mauvais temps.

Formules de la prévision du temps.

53° Le niveau de la colonne barométrique ne saurait baisser, sans que les nuages, invisibles par leur éloignement, deviennent visibles par leur rapprochement et sans que le ciel se couvre.

Le niveau de la colonne barométrique ne saurait monter, sans que les nuages en s'élevant semblent diminuer d'étendue et sans que le ciel se découvre.

La pluie, en été ou par les journées chaudes d'hiver, survient d'autant plus vite et tombe plus abondamment que le niveau de la colonne barométrique s'abaisse davantage. Dans nos climats, de $0^m,729$ à $0^m,735$ d'élévation de la colonne barométrique, nous avons tempête et, à la suite, des torrents d'eau.

Le thermomètre remonte d'autant plus que le baromètre redescend, et *vice versâ*.

Cette coïncidence entre l'abaissement de la colonne barométrique et l'arrivée de la pluie n'est mise en défaut que par l'apparition d'une comète au-dessus de notre horizon (*); dans ce cas, à une température souvent sibérienne succède brusquement une chaleur tropicale; les nuages cessent de se montrer, alors que le baromètre atteint la limite ordinaire de sa dépression; ou s'il en apparaît, on les voit fondre, pour ainsi dire, dans l'air en un brouillard sec qui rase la terre et en vapeurs qui voilent le ciel et en ternissent l'azur; les hautes régions de l'atmosphère, échauffées par l'effet de ce miroir ardent, se saturent indéfiniment des

---

(*) Une comète est un astre diaphane et réfringent, qui réfracte la lumière solaire d'abord en une espèce de coiffure lumineuse dont s'enveloppe son noyau, et ensuite en un ou plusieurs rayons plus ou moins prolongés selon la distance et la position, rayons qui se reflètent, à nos yeux, sous les couches les plus denses de notre atmosphère éthérée ou aérienne. L'orbite d'une comète décrit une spirale sphérique, dont les différents tours peuvent être pris pour tout autant d'orbites spéciaux à des comètes différentes.

vapeurs d'eau qui se dégagent des nuages; il pleut pour ainsi dire en haut alors, au lieu de pleuvoir en bas. Mais, dès que ce genre d'influence cesse et que la comète s'éloigne du soleil, il se fait alors une réaction égale, mais en sens contraire, à cette anomalie; les vapeurs d'eau que l'action calorifique avait fini par accumuler dans les régions supérieures de l'atmosphère éthérée, se condensent en nuages de neige et de glace, par suite d'un refroidissement consécutif; et ces nuages se rabattant dans les couches inférieures de notre atmosphère aérienne, aux époques de l'abaissement de la colonne barométrique, finissent par fondre, avec l'appareil effrayant des orages, en pluies torrentielles, et comme si tout à coup les cataractes du ciel venaient à crever sur nos têtes; ce qui dure jusqu'à ce que la machine météorologique, débarrassée, pour ainsi dire, de son trop plein et s'étant remise en équilibre, ait repris son mouvement normal d'oscillation. Or, telle a été la succession des deux phénomènes contraires que nous avons eu l'occasion d'observer en 1865, et qui a dérangé en avril, mai et septembre 1865, la concordance des prévisions météorologiques avec les événements, concordance qui s'était si bien soutenue dans le trimestre précédent (*). Une comète avait été signalée au Chili, vers la fin de mars, elle a dû séjourner sur notre horizon du 3 avril au 7 mai 1865, temps pendant lequel nous avons eu une température tropicale après un mois de mars constamment froid. Mais, à partir du 9 jusqu'au 26 mai, il ne s'est presque pas passé un jour sans pluies tor-

---

(*) Voir mes deux lettres dans le journal *le Siècle* des 15 avril et 25 mai 1865.

rentielles et sans orages effrayants; en septembre on a signalé de nouveau une ou deux comètes.

Or, le retour de ces astres excentriques, dans l'état actuel de la science, ne saurait se prévoir; et leur apparition ne peut être souvent constatée qu'à l'aide des longs télescopes de nos grands observatoires, où l'on dort la nuit tout aussi bien que le jour dans le fauteuil académique. Mais, à l'aide des indications que nous venons de donner ci-dessus, et que nos observations n'ont jamais trouvées en défaut, on pourra chaque fois deviner le retour de ces astres et constater la durée de leur apparition, l'instant de leur éloignement, ainsi que la durée de la réaction consécutive, durée qui est proportionnelle à celle qui a signalé leur influence et leur action.

54° Il y a tendance à l'abaissement du niveau de la colonne barométrique, et par conséquent à la pluie ou à la neige, quand la lune remonte du lunestice austral (L. A.) vers la ligne équinoxiale, c'est-à-dire vers l'équilune (Eq. L.), mais surtout quand la lune redescend du lunestice boréal (L. B.); le plus grand abaissement se manifeste vers l'équilune (Eq. L.).

55° Il y a tendance à l'élévation du niveau de la colonne barométrique, quand la lune remonte de l'équilune vers les lunestices, surtout vers le lunestice boréal.

56° Il y a tendance à l'abaissement du niveau de la colonne barométrique deux jours avant et deux jours après les syzygies, mais d'une manière plus prononcée à la nouvelle (N. L.) qu'à la pleine lune (P. L.). Le niveau s'élève le jour même des syzygies. S'il pleut deux jours avant, il pleuvra moins deux jours après et *vice vers*.

Les nuages ne manquent pas d'arriver, lorsque le niveau du baromètre se maintient stationnaire.

57° La *conjugaison* (*conjug.*), ou la position de la lune sur le même cercle de déclinaison que le soleil, amène aussi une dépression du niveau de la colonne barométrique et une tendance au temps pluvieux.

58° Ces phénomènes acquièrent plus d'intensité au périgée (alors que la lune ou le soleil sont moins éloignés de la terre) qu'à l'apogée (alors que ces deux astres sont plus éloignés de la terre); par conséquent plus en hiver qu'en été du fait du soleil.

De là viennent les différences journalières que l'on remarque, quant à l'aspect du ciel, entre les mêmes jours des années correspondantes dans le cycle lunaire de dix-neuf ans; vu que les périgées et les apogées ne correspondent pas, en ces années, comme les autres points lunaires; et qu'il arrive souvent que les périgées d'une de ces deux années sont remplacés dans l'autre par les apogées; ce dont on doit tenir un grand compte dans les supputations de la prévision du temps.

59° On doit s'attendre à de grandes tempêtes, non-seulement quand l'équilune correspond avec l'équinoxe, mais encore quand la lune marche vers le lunestice austral en même temps que le soleil se rapproche du solstice d'hiver.

Rien n'égale la violence de la tempête et des marées, comme lorsque la nouvelle lune coïncide avec l'équinoxe et l'équilune.

La marée de la coïncidence de l'équilune et de la conjugaison est plus forte que celle de la nouvelle lune; en sorte que la plus forte marée n'arrive souvent que quelques jours avant ou quelques jours après l'époque marquée dans les tables des hautes marées.

60° Les *quartiers de la lune* suspendent les tendances à la hausse et à la baisse du niveau de la colonne barométrique, tendances qui reprennent leur cours le lendemain.

Les changements de temps, de beau en mauvais et réciproquement, arrivent donc principalement aux lunestices, aux équilunes, à la conjugaison, aux quartiers, de même qu'aux syzygies.

61° La marche de la lune du lunestice austral (L. A.) au lunestice boréal (L. B.) réagit sur l'économie végétale et animale, chaque mois, de la même manière que celle du soleil tous les ans à partir du solstice d'hiver vers le solstice d'été. Vers le lunestice austral les semis réussissent mieux pour tel genre de culture que pour tel autre, pour les récoltes herbacées que pour les récoltes à grains; les femmes y ont leurs menstrues et une recrudescence de fécondité; les crises nerveuses se reproduisent avec plus d'intensité à cette époque, qu'aux trois autres points lunaires, et les amputés et opérés éprouvent des élancements et commotions qui les tourmentent davantage.

62° Tous les dix-neuf ans les mêmes phases et points lumineux revenant aux mêmes jours de l'année solaire, ramènent à peu près les mêmes phénomènes aux mêmes jours.

N° X

INSTRUCTION PRATIQUE

OU

APPLICATION DES PRINCIPES MÉTÉOROLOGIQUES

EXPOSÉS DANS LE TRAITÉ PRÉCÉDENT

A LA PRÉVISION GÉNÉRALE DU TEMPS,

POUR CHAQUE MOIS

DE L'ANNÉE 1866.

Les changements de temps sont subordonnés au retour : 1° des PHASES LUNAIRES = *Nouvelle lune* (N. L.), *Pleine lune* (P. L.), *Premier quartier* (P.Q.), et *Dernier quartier* (D. Q.) ; 2° des POINTS LUNAIRES : *Lunestices* (L. A. et L. B. = *Lunestice austral* et *Lunestice boréal*), *Équilune* (Eq. L.), *Conjugaison* (*conjug.*), *apogée* et *périgée;* 3° des QUATRE POINTS SOLAIRES : *Solstices d'hiver* et *d'été, équinoxes du printemps* et *d'automne.* C'est sur l'époque de leur retour et les rapports de leur rencontre que se base la prévision du temps.

L'indication de l'époque des *phases lunaires* se trouve à la sixième colonne des tableaux mensuels du TRIPLE CALENDRIER (page 33); celle des *points lunaires* et *solaires* se trouve à la septième colonne.

Si l'on se pénètre bien des principes contenus dans le *Traité succinct de météorologie* (page 94), il deviendra facile de prévoir avec une grande probabilité les changements de temps, ainsi que l'époque des tempêtes sur mer et des grandes marées dans les ports, pour tout l'hémisphère boréal.

Nous allons donner pour chaque mois un aperçu de

ces prévisions déduites au moyen de nos principes. Le chiffre entre parenthèses, précédé du signe §, renvoie le lecteur au paragraphe précédé de ce chiffre dans le *Traité succinct de météorologie*, qui commence à la page 94.

JANVIER 1866

Abaissement du baromètre et élévation de la température (§ 53), à partir du 2 au 7. Dans cet intervalle, pluie, brouillard et neige, surtout à l'approche du 7. *Idem* du 15 au 17, du 19 au 23, du 27 au 29 (§ 54).

Élévation du baromètre et abaissement de la température le 1er, le 16, le 30, puis du 9 au 14, du 21 au 23, du 25 au 27.

Outre le surlendemain des syzygies (N. L. et P. L.) (§ 56), tempête sur mer et fortes marées vers le 7, et surtout vers les 21 et 22 (§ 52).

FÉVRIER

Abaissement du baromètre et élévation de la température (§ 53), du 1er au 3, le 7 (§ 60), le 8 (§ 57), du 10 au 18, le 22 (§ 60), du 24 au 28.

Outre les syzygies (N. L. et P. L.), les 1er et 17, fortes marées et tempêtes sur mer, vers le 3, le 8, le 14, mais surtout les 17 et 18.

Abaissement de la température et élévation de la colonne barométrique du 19 au 24 (§ 55).

MARS

Élévation de la colonne barométrique et abaissement de la température du 5 au 10, du 18 au 22 (§ 55).

Abaissement de la colonne barométrique et élévation de la température du 1ᵉʳ au 5, du 10 au 15, du 23 au 29.

Mauvais temps, fortes marées et giboulées, outre la veille et le surlendemain des syzygies (§ 56), le 2, le 4, le 30, mais surtout du 15 au 20 (§ 59).

AVRIL

Élévation de la colonne barométrique et abaissement de la température du 1ᵉʳ au 8, du 16 au 20; les 26, 27 et 30.

Abaissement de la colonne barométrique et élévation de la température du 9 au 16, du 20 au 25.

Mauvais temps, fortes marées le 2, du 12 au 16, vers le 22, les 25 et 26.

MAI

Abaissement de la colonne barométrique et élévation de la température, avec oscillation du 3 au 10; le 13, du 16 au 20, le 23, vers les 28 et 30.

Élévation de la colonne barométrique et abaissement de la température du 1ᵉʳ au 3, le 7, le 17, le 21, du 24 au 27 et le 31.

Mauvais temps sur mer et fortes marées du 8 au 12, du 22 au 24 (§§ 54, 58), du 28 au 30.

JUIN

Abaissement de la colonne barométrique et élévation de la température du 1ᵉʳ au 7 (§ 54), avec oscillation le 6 (§ 60), du 13 au 18, du 27 au 30.

Élévation de la colonne barométrique et abaissement de la température du 8 au 11, du 20 au 22, du 24 au 27 (§§ 54 et 60).

Mauvais temps vers les 7 et 8, les 11 et 12, les 19 et 20, les 29 et 30; fortes marées vers les 11, 12 et 13.

JUILLET

Abaissement de la colonne barométrique du 1er au 24, les 8 et 9, du 11 au 17, du 26 au 31.

Élévation de la colonne barométrique du 5 au 8, du 18 au 24, le 12, le 19, le 21, le 27.

Mauvais temps sur mer le 1er, mais surtout vers le 4, le 14, le 17, le 29 et le 31.

AOUT

Élévation de la colonne barométrique du 1er au 2, du 6 au 7, du 14 au 17, du 19 au 21 (§§ 53, 55).

Abaissement de la colonne barométrique du 4 au 5, du 9 au 13, du 22 au 25, du 27 au 28, le 30 (§§ 53, 54).

Mauvais temps sur mer vers le 4, du 28 au 30; fortes marées du 10 au 13, du 28 au 30.

SEPTEMBRE

Élévation de la colonne barométrique le 1er et le 3, du 11 au 17, du 28 au 30 (§§ 53, 55, 60).

Abaissement de la colonne barométrique du 4 au 10, du 18 au 20, du 22 au 26 (§§ 53, 54).

Tempêtes sur mer et fortes marées du 8 au 10, mais surtout du 22 au 26 (§§ 57, 58, 59).

OCTOBRE

Abaissement de la colonne barométrique du 2 au 9, les 14 et 15, du 17 au 21, le 24 (§§ 54, 56, 58, 60).

Élévation de la colonne barométrique du 10 au 14, du 14 au 16, du 27 au 29, le 30 (§§ 55, 60).

Mauvais temps sur mer du 3 au 9, du 19 au 21, le 24, du 28 au 30. Très-forte marée du 6 au 9 (§§ 58, 59).

NOVEMBRE

Abaissement de la colonne barométrique et élévation de la température du 1ᵉʳ au 3, les 6 et 8, du 11 au 17, du 24 au 30 (§§ 54, 56).

Élévation de la colonne barométrique et abaissement de la température (outre le 7, le 15, le 21 ou 22), du 4 au 6 et du 10 au 11, du 19 au 21, le 24, le 29 (§§ 55, 57, 60).

Mauvais temps sur mer vers les 3, 8, 10, 12, 18, 22, 30. Fortes marées du 8 au 12, le 18 et le 30 (§ 57).

DÉCEMBRE

Élévation de la colonne barométrique et abaissement de la température du 1ᵉʳ au 6, du 15 au 20, du 29 au 31 (§ 55, 56).

Abaissement de la colonne barométrique et élévation de la température du 8 au 14, du 21 au 28 (§§ 54, 56, 58).

Tempêtes sur mer et très-fortes marées vers le 15, du 20 au 23, du 27 au 29 (§ 59).

REMARQUE FINALE. — Ces prévisions pour chaque mois se réaliseront avec une grande probabilité dans l'hémisphère boréal; les prévisions pour l'hémisphère austral en sont la contre-partie. L'abaissement et l'élévation de la colonne barométrique éprouvent toujours une interruption dans le caractère de leur période, au bout de trois jours au moins; car l'expérience démontre que la vague atmosphérique met tout ce temps à accomplir son mouvement d'ascension et celui de son abaissement. On pourra donc, à l'aide des points de repère que nous avons établis, prévoir, avec presque la certitude, le changement de temps en bien ou en mal, deux ou trois jours à l'avance.

Applications particulières, et mois par mois, des principes ci-dessus exposés à la circonscription de Paris.

1° DOCUMENTS ANCIENS.

Vers le milieu du dix-huitième siècle, Toaldo, l'un des plus célèbres météorologues de cette époque, ayant observé avec raison que la quantité de pluie était plus abondante aux périgées qu'aux apogées de la lune, avait cru pouvoir prédire les quantités de pluie pour chaque mois d'une année par le résultat des observations hydométriques de la neuvième année précédente, et pour plus de précision de la dix-huitième année, puisque les périgées et les apogées (§ 58) reviennent tous les neuf ans à peu près aux mêmes époques de l'année solaire. Mais l'expérience ne confirma pas cette loi; et aujourd'hui on en comprendra facilement la raison ; car la quantité de pluie, qui peut tomber le jour des périgées, doit varier chaque fois, vu qu'il est impossible de supposer que chaque fois le nuage d'où elle émane ait le même volume et se soit chaque fois formé de la même quantité de vapeurs d'eau, dégagée par le même degré de température, dans le même temps donné.

Vers l'année 1764, l'abbé Cotte, qui venait de prendre la résolution de s'adonner exclusivement à l'étude de la météorologie, s'adressa à Grand-Jean de Fouchy, astronome de l'Observatoire de Paris, pour avoir un plan à suivre dans cette nouvelle carrière. Grand-Jean de Fouchy l'invita à fixer son attention sur la période lunaire de dix-neuf ans, époque à laquelle la lune revient aux mêmes points du ciel par rapport à la terre; ce qui, d'après lui, devait ramener à peu près la même température entre les années correspondantes de ce cycle. Sur ces indications, l'abbé Cotte, ayant eu à sa disposition les registres d'observations météorologiques de l'Observatoire, parvint à dresser un tableau de moyennes, sous le rapport de la température, des vents régnants, du nombre des jours de pluie et des quantités d'eau recueillies, dans la circonscription de Paris, pour chacune des années qui devaient s'écouler de 1804 à 1898. Mais des prévisions fondées sur un pareil dépouillement statistique peuvent se trouver en défaut par des circonstances qu'il n'est pas donné à l'homme de prévoir avec certitude; la moyenne des probabilités n'est pas par cela même ce qu'il y a de plus probable. Supposez, par exemple, ce qui arrive si fréquemment à l'insu des astronomes, l'apparition d'une comète, au même mois de deux années correspondantes dans le cycle lunaire de dix-neuf ans, il est évident que la moyenne des trois mêmes années correspondantes se trouvera complétement en défaut dans l'indication de la chaleur et de la quantité de pluie pour le même mois d'une année correspondante avec ces trois autres.

Cependant, en faisant la part de ce genre de mécomptes, on pourra tirer quelques indications utiles de l'extrait que nous donnons ci-après de ce tableau pour ce qui regarde l'année 1866.

2º. DOCUMENTS NOUVEAUX POUR LA PRÉVISION JOURNALIÈRE DU TEMPS.

Le nouveau système de *météorologie théorique et pratique*, fruit d'une observation heure par heure de quinze ans, se trouve n'être qu'un corollaire du système atomique et cellulaire que nous avons développé dans le *Nouveau système de chimie organique*, dont la publication date de trente-deux ans ; le *Nouveau système de physiologie végétale* et l'*Histoire naturelle de la santé et de la maladie* en sont les deux autres corollaires ; car toutes les grandes lois de la nature, dont nous faisons autant de sciences, ne sont et ne peuvent être que des corollaires d'un principe qui est l'unité. Or donc, une fois que nous fûmes parvenu à substituer le système des atmosphères éthérées, agissant par échange et ensuite par compression, au système de l'attraction et de la gravitation fondé sur une hypothèse impossible et absurde ; de ce principe fécond et inépuisable, il découla évidemment cet autre, à savoir, que l'influence de la lune sur le retour des phénomènes atmosphériques, bien loin de devoir être relégué dans le coin des rêveries et des chimères, se révélait comme une force mécanique analogue à toutes celles dont s'occupe la physique. Le retour des phases et points lunaires devait donc ramener, par la loi du refoulement des vagues atmosphériques, les mêmes phénomènes chaque fois.

Par une conséquence immédiate, il s'ensuivait que la lune revenant tous les dix-neuf ans, à peu près, au même point du ciel, par rapport à la terre, tous les jours des années correspondantes une à une dans cette période devaient se ressembler sous le rapport météorologique; or l'expérience nous a démontré que cette conséquence du principe ne manquait pas d'une certaine justesse d'application, quand on tenait compte de deux circonstances qui peuvent en déranger la régularité ou en modifier les influences.

En effet et d'abord, le retour des mêmes phases et points lunaires n'a pas lieu avec une précision mathématique; la période du mois, que j'appelle lunesticial, étant de 27 jours (solaires), plus $7^h\ 45'\ 4''$, ce surplus de 7 heures 45 minutes 4 secondes finit, en s'ajoutant après chaque lunaison, par former un jour de plus et par enjamber sur le troisième jour même dans le Calendrier. De là peut provenir que les phénomènes du retour, pour une année, n'auront lieu que plusieurs heures, ou un et deux jours après, dans l'année correspondante du cycle lunaire.

Secondement, nous avons eu déjà l'occasion de faire observer que les phénomènes météorologiques sont plus intenses et plus prononcés au périgée qu'à l'apogée (§ 58); or le retour de ces deux points lunaires ne coïncide pas avec le retour des autres; leur cycle est de neuf ans, ou, pour plus grande précision, de 18 ans, ainsi que le comptait Toaldo.

A cause de cette discordance, il surviendra entre les phénomènes, pour le même point lunaire de deux années correspondantes de la période de 19 ans, des différences d'autant plus marquées que le même point lunaire de retour coïncidera avec le périgée dans l'une de ces années, et avec l'apogée dans l'autre, ou sera plus distant dans l'une des deux années correspondantes que dans l'autre.

— 142 —

C'est avec des restrictions basées sur ces deux ordres de considérations qu'il faudra se servir de la comparaison de l'une des 19 années précédentes pour la prévision des phénomènes journaliers de l'année correspondante.

Cependant, même sans tenir compte de ces restrictions, on a pu voir, par la comparaison de l'année passée (1865) avec l'année 1808 correspondante dans la période lunaire de 19 ans, avec quelles chances de probabilité, presque jour par jour, les phénomènes à prévoir pour l'année 1865 se sont rapprochés des phénomènes apparus en l'année 1808.

C'est ce qui nous engage à reproduire cette année le tableau des observations faites à l'Observatoire de Paris, en 1809, pour servir à la prévision des phénomènes météorologiques qui doivent se reproduire en l'année correspondante 1866.

L'année passée, le défaut d'espace et les difficultés typographiques nous avaient forcé de réduire en un seul mot la caractéristique de l'aspect du ciel indiquée dans le tableau des observations faites à l'Observatoire de Paris.

Bien des gens, un tant soit peu paresseux d'esprit, ont pu croire que ces mots *beau*, *pluvieux*, *couvert*, etc., exprimaient l'état du ciel pour toute la journée, et sans aucune intermittence. C'est ce qui nous engage à donner, cette année, sous la rubrique *de l'état du ciel*, les trois indications de 8 heures, midi, 4 heures du soir que nous fournissent les tableaux météorologiques de l'année 1809.

Mais il ne faudrait pas croire qu'entre ces époques du jour, le temps n'ait pas subi des variations notables. Ces variations sont, sans doute, indiquées dans les cahiers de l'Observatoire, mais ne sont nullement publiées dans les journaux du temps ; nous ne pouvons donc en faire usage. L'Observatoire, ainsi que le muséum, est la propriété exclusive de ceux qui le régissent ; ces monuments prétendûment nationaux sont des apanages du bon plaisir de ceux qui, le plus souvent, n'en font aucun usage.

Nous aurions pu faire suivre le tableau des observations pour 1809, par ceux des deux autres années correspondantes 1828 et 1847 ; mais à ces deux époques la rédaction de ces tableaux ne se faisait plus que sous la direction de M. Arago, le souverain absolu de ces lieux, qui professait pour les observations météorologiques un dédain égal à sa paresse. En vertu donc de sa volonté, comme il le disait dans une lettre célèbre, on ne mentionna plus, dans les tableaux imprimés des observations, que l'état du ciel à midi ; en sorte que cet instant fugitif semble avoir été pris par lui pour la moyenne de toute la journée : Arago n'en faisait pas d'autre ; il était homme, pendant toute une journée de tourmentes atmosphériques, à s'attacher à une éclaircie de cinq minutes survenue à midi. Enfin on a fini par lui arracher des mains le crayon de la météorologie, et lui prouver qu'elle pouvait s'élever à la hauteur des autres sciences, à l'aide de la persévérance, de la logique et de la bonne foi.

La comparaison de l'année 1809 avec l'année 1866 pour déterminer les changements de temps, et la physionomie atmosphérique de chaque jour, ne s'appliquent qu'à la circonscription de Paris.

Quant aux autres localités, on aura, pour se guider dans la prévision du temps, l'annotation des phases et points lunaires ou solaires, interprétée d'après les principes exposés dans le traité succinct de météorologie, surtout à partir de la page 127 : et l'on arrivera à des résultats peut-être plus dignes de confiance que ceux que les paresseux d'esprit se contenteront de puiser, pour le climat de Paris, sans autre correction, dans les indications de l'état du ciel que donne le tableau ci-après des observations météorologiques de l'année 1809.

1° La persistance exceptionnelle du beau et de la sécheresse indique toujours l'apparition d'une comète, qu'elle soit visible ou invisible à la vue simple. Il fut un temps où on ne voyait une comète à l'Observatoire de Paris que huit ou dix jours après qu'elle était signalée par les paysans qui venaient au marché. Je ne sais pas si aujourd'hui il en est de même; mais ce qui est certain, c'est que du jour où l'on a déterminé la courbe de l'orbite d'une comète, on peut prédire et la durée de son influence calorifique, et l'époque où la réaction pluvieuse, qui est la conséquence de l'éloignement de l'astre, amènera des torrents d'eau.

2° La forme lenticulaire simple ou multiple d'un nuage peut également donner lieu à une élévation de température exceptionnelle, mais qui n'est que passagère et redescend à l'état normal avec la disparition du nuage.

3° Troisièmement enfin, le désaccord que l'on pourra trouver entre les phénomènes journaliers des années correspondantes vient aussi de ce que la nomenclature adoptée avant nous, pour désigner les divers états du ciel, était grandement arbitraire, et que les mots qui nous sont communs n'avaient pas la signification précise que nous leur attachons; ainsi, on a pu apercevoir, par l'étude comparative des phénomènes de l'année 1865, que le mot *très-nuageux*, employé par l'observateur de l'année 1808, revenait à celui de *pluvieux* que nous employons aujourd'hui.

En conséquence, la prévision du temps doit surtout se baser sur les indications du Calendrier météorologique (page 34), interprétées d'après les règles développées dans le traité précédent de météorologie et leur application (page 133). L'analogie tirée des phénomènes journaliers de l'année 1809 ne doit venir qu'en sous-œuvre, avec les restrictions que nous avons apportées page 140, et avec la valeur d'une grande probabilité de détail.

L'habitude d'observer et de raisonner d'après ces principes finira par ajouter au sens pratique de la prévision, une espèce d'instinct et de faculté de devination qu'on ne saurait acquérir dans la lecture des livres, et qui, dans les arts, prend le nom de sûreté du coup d'œil ou du coup de main.

Mais, en thèse générale, si la prévision du temps procède par probabilités lorsqu'il s'agit de longues périodes, celle du changement de temps existant approche de la certitude, par l'application des principes ci-dessus énoncés. Ainsi, on peut prédire que le mauvais temps cessera le jour du quartier, à l'approche d'un lunestice, le jour à peu près d'une syzygie, et après l'équilune; que le beau temps, au contraire, ne dépassera pas beaucoup les lunestices et qu'à partir de cette époque le baromètre tendra à baisser; enfin, que le temps beau ou mauvais aura un moment d'arrêt le 3ᵉ jour.

N° XI

PHYSIONOMIE GÉNÉRALE

DE

CHAQUE MOIS DE L'ANNÉE 1866

D'APRÈS LA TABLE DRESSÉE EN 1805,

PAR

L'ABBÉ L. COTTE (*),

L'UN DES MÉTÉOROLOGUES ET DES PHILOSOPHES LES PLUS DISTINGUÉS
DE LA FIN DU XVIII° ET DU COMMENCEMENT DU XIX° SIÈCLE.

(*) Grand-Jean de Fouchy, de l'Observatoire de Paris, ayant signalé, en 1764, à l'abbé L. Cotte, les rapports de la période lunaire de 19 ans, avec le retour, an par an, des mêmes phénomènes de température moyenne, ce dernier s'appliqua à vérifier cette donnée sur la série des observations météorologiques que l'Observatoire mit à sa disposition; et il en dressa un tableau pour chaque année, à partir de 1805 jusqu'en 1898 inclusivement. C'est de ce travail que nous avons extrait ce qui concerne l'année 1866. (Voyez p. 139.)

ANNÉE 1866.

Janvier.

Température moyenne : Douce, humide. — *Vent dominant :* Sud. — *Jours de pluie :* 13. — *Quantité d'eau :* 28 millimètres.

Février.

Température moyenne : Douce, humide. — *Vent dominant :* Sud. — *Jours de pluie :* 10. — *Quantité d'eau :* 19 millimètres.

Mars.

Température moyenne : Variable. — *Vent dominant :* Nord. — *Jours de pluie :* 14. — *Quantité d'eau :* 32 millimètres.

Avril.

Température moyenne : Froide, sèche. — *Vent dominant :* Nord. — *Jours de pluie :* 11. — *Quantité d'eau :* 52 millimètres.

Mai.

Température moyenne : Douce, sèche. — *Vents dominants :* Nord et Sud. — *Jours de pluie :* 13. — *Quantité d'eau :* 55 millimètres.

Juin.

Température moyenne : Chaude, sèche. — *Vent dominant :* Variable. — *Jours de pluie :* 12. — *Quantité d'eau :* 43 millimètres.

Juillet.

TEMPÉRATURE MOYENNE : Chaude, humide. — *Vent dominant :* Ouest et Sud-Ouest. — *Jours de pluie :* 16. — *Quantité d'eau :* 49 millimètres.

Août.

TEMPÉRATURE MOYENNE : Chaude, sèche. — *Vent dominant :* Nord. — *Jours de pluie :* 14. — *Quantité d'eau :* 73 millimètres.

Septembre.

TEMPÉRATURE MOYENNE : Froide, sèche. — *Vent dominant :* Nord. — *Jours de pluie :* 9. — *Quantité d'eau :* 27 millimètres.

Octobre.

TEMPÉRATURE MOYENNE : assez froide, très-sèche. — *Vent dominant :* Nord. — *Jours de pluie :* 10. — *Quantité d'eau :* 25 millimètres.

Novembre.

TEMPÉRATURE MOYENNE : Froide, sèche. — *Vent dominant :* Variable. — *Jours de pluie :* 9. — *Quantité d'eau :* 21 millimètres.

Décembre.

TEMPÉRATURE MOYENNE : Douce, humide. — *Vent dominant :* Sud et Nord-Ouest. — *Jours de pluie :* 15. — *Quantité d'eau :* 56 millimètres

N° XII

OBSERVATIONS

RECUEILLIES A L'OBSERVATOIRE DE PARIS,

PENDANT L'ANNÉE 1809,

ANNÉE QUI, DANS LA PÉRIODE LUNAIRE DE 19 ANS,

CORRESPOND A LA PRÉSENTE ANNÉE 1866 (*)

(*) Il est probable que, pour l'Observatoire de Paris, les phénomènes de l'année 1809 se reproduiront en l'année 1866 à peu près aux mêmes époques, avec des modifications de localités et de latitudes pour les autres régions de la France, en tenant compte des différences entre les époques des périgées et des apogées des deux années, ainsi que de l'apparition imprévue d'une comète.

OBSERVATOIRE **(JANVIER 1809)** DE PARIS.

J. solaires.	BAROMÈTRE.	THERMOMÈT.	VENTS.	ASPECT DU CIEL.	POINTS lunaires
1	749,80-747,50	+ 4,2+ 7,1	E S E	Brouil., id., id.	P. L.
2	744,00-740,00	+ 1,0+ 4,2	S E	Couv., pluie fine, couv.	
3	742,00-746,78	+ 2,2+ 4,8	O	Pluie fine, couv., id.	
4	751,00-751,00	+ 2,1+ 5,0	S	Cou., cerné, lég. brou.	
5	751,00-751,00	+ 2,0+ 5,5	E faible	Couvert, id., id.	
6	750,60-750,60	+ 2,9+ 9,2	S S O	Voilé, lég. br., pluie ab.	
7	748,50-748,50	+ 3,0+ 9,5	S S E	Brouill., couv., pluie ab.	Eq. L.
8	749,18-742,48	+ 6,8+10,9	O viol.	Pluie, pluie ab., averse.	
9	749,48-740,00	+ 5,0+ 6,7	SO t.-fo	Couvert, pluie, couvert.	D. Q.
10	744,25-742,72	+ 4,5+ 8,5	SSO fa.	Lég. br., pluie, cerné.	
11	747,20-749,14	+ 4,1+ 8,1	O faible	Cerné, tr.-nuag , brou.	
12	745,40-750,50	+ 4,0+ 6,3	Calme.	Lég. br., voilé, lég. br.	
13	752,60-752,60	+ 0,9+ 4,0	Calme.	Cerné, id., lég. brouil.	Périg.
14	754,00-754,00	+ 2,7+ 4,4	O faible	Pluie fine, pluie, lég. br.	L. A.
15	750,75-750,75	+ 0,1+ 3,7	E sup. O inf.	Brouil., lég. br., neige.	
16	756,60-760,20	— 6,7— 3,8	N N E	Brouil., tr.-nuag., beau.	N. L.
17	759,72-757,75	— 7,3— 2,2	E faible	Beau, id., lég. brouil.	
18	755,88-755,10	— 9,6— 3,1	E faible	Beau, lég. brou., beau.	
19	754,30-746,00	— 8,5+ 3,0	E S E	Cerné, lég. br., pluie.	
20	748,00-744,50	+ 4,7+ 8,7	S O	Pluie, brumeux, pluie.	Eq. L.
21	744,20-748,56	+ 3,5+ 7,5	O	Pluie, couv., lég. br.	
22	738,50-735,58	+ 3,7+ 6,0	S	Pluie, brouillard, id.	
23	752,00-755,72	+ 1,2+ 3,2	O fort.	Couv., voilé, neige.	P. Q.
24	747,70-752,32	+ 9,7+12,6	O tr.-fo	Pluie, pluie fine, id.	
25	752,00-755,50	+ 8,7+13,1	O tr.-fo	Couvert, id., pluie fine.	
26	747,50-750,32	+ 9,0+13,0	SO t.-fo	Couvert, pluie, cerné.	L. B.
27	753,50-752,50	+ 8,0+12,7	S O	Couv., brum., pl. fine.	Apog.
28	754,20-749,90	+ 6,0+14,0	S E	Beau, beau, voilé.	
29	748,48-743,84	+ 6,2+13,7	S tr.-fo	Beau, voilé, pluie.	
30	752,28-743,20	+ 7,2+ 8,1	S tr.-fo	Couv., pl. forte, pluie.	
31	757,00-761,40	+ 5,1+11,5	SO fort	Nuag., couv., nuag.	P. L.

Eau tombée, 49mm,70.

OBSERVATOIRE (**FÉVRIER 1809**) DE PARIS.

J. solaires.	BAROMÈTRE.	THERMOMÈT.	VENTS.	ASPECT DU CIEL.	POINTS lunaires
1	760,72-756,28	+ 5,0+12,7	S E fo.	Cerné, nuageux, voilé.	
2	755,36-752,84	+ 9,1+14,5	SO fo.	Couv., beau, tr.-nuag.	
3	751,50-748,35	+10,2+14,2	SO fo.	Couv., id., pluvieux.	Eq. L.
4	752,00-750,32	+ 5,2+11,5	SO fa.	Couv., id., pluvieux.	
5	750,22-750,84	+ 5,7+10,7	S. fort.	tr.-nuag., nuag., tr.-couv.	
6	752,00-753,50	+ 7,2+11,7	SO fort	Tr.-nuag., pl., éclairci.	D. Q.
7	756,80-758,22	+ 7,5+11,4	SO fa.	Lég. br., nuag., couv.	
8	755,32-751,75	+ 4,2+ 9,1	SE fa.	Pluie par intervalles.	Conj.
9	748,58-747,00	+ 7,6+13,0	S E	Couv., éclaircies, id.	
10	748,82-745,82	+ 9,2+12,6	S fort.	Vapor., couv., pl. fine.	L. A.
11	742,84-737,78	+ 5,7+11,7	SO fo.	P. pl., tr.-nuag., pl. av.	Périg.
12	739,00-733,84	+ 5,9+13,6	S S O	Vap., couv., pl. fine.	
13	739,00-746,70	+ 6,3+12,2	SO t.-fo	Pluie, tr.-nuag., id.	⎧ N. L.
14	746,00-753,80	+ 7,0+14,0	O tr.-fo	Pluie, id., orage.	⎩ Conj.
15	758,34-756,36	+ 6,0+12,2	S	Vap., couv., pl. fine.	
16	759,25-753,50	+ 5,0+13,4	S	Lég. br., couv., t.-nua.	
17	752,50-760,20	+ 6,2+11,7	S O	Pl. fine, id., tr.-nuag.	Eq. L.
18	762,18-769,70	+10,6+14,7	SO fa.	Couv., éclaircie, beau.	
19	774,54-771,50	+ 2,5+10,0	S S O	Beau, lég. br., beau.	
20	769,00-762,28	+ 1,0+11,4	S O	Beau, bru., nuag., c.	
21	760,00-765,74	+ 2,0+ 8,5	ONO fo	Cerné, couv., pl. et gr.	P. Q.
22	768,60-767,00	— 0,4+ 7,0	NO fa.	Vap., éclaircies, couv.	
23	762,88-765,50	+ 4,7+ 8,5	N O	Couv., lég. br., couv.	
24	768,22-767,72	+ 1,2+ 5,7	N	Lég. br., couv., éclairc.	L. B.
25	766,32-767,74	— 1,0+ 5,2	Calme.	Beau, assez beau, id.	Apog.
26	770,80-769,68	+ 0,5+ 5,4	Calme.	Brouil., t.-nua., as. nua.	
27	768,08-768,50	+ 2,9+10,2	N E	Cerné, lég. br., t.-nua.	
28	768,92-768,06	+ 2,1+ 8,8	NE fa.	Couv., brouil., couv.	

Eau tombée, 28^{mm},90.

OBSERVATOIRE (MARS 1809) DE PARIS.

j. solaires	BAROMÈTRE.	THERMOMÈT.	VENTS.	ASPECT DU CIEL.	POINTS lunaires
1	767,00-765,30	+ 4,0+ 6,2	NE fa.	Brouil., couv., id.	P. L.
2	765,24-766,78	+ 4,2+ 7,7	NE fa.	Brouil., couv., id.	Eq. L.
3	767,54-766,36	+ 1,7+11,0	E inf S s	Cerné, t.-nuag., pluie.	Conjug.
4	766,36-763,74	+ 4,0+ 9,7	S fa.	Lég. br., couv., p. pl.	
5	762,64-761,72	+ 4,0+ 8,0	NNO fa	Brouil., éclair., pl., gr.	Périg.
6	762,66-764,60	+ 3,0+ 8,5	N fa.	Brouill., couv., beau.	
7	765,80-768,30	+ 1,0+ 9,2	NNO fa.	Beau, cerné, beau.	
8	770,38-769,38	+ 0,5+10,0	NE fa.	Gel. bl., cerné, beau.	D. Q.
9	768,20-765,00	+ 0,2+11,0	N O	Lég. br., beau, couv.	
10	762,66-761,82	+ 2,5+ 7,3	N N E	Tr.-nuag., nuag., beau.	L. A.
11	762,20-761,00	— 1,0+ 5,0	N N E	Beau, cerné, tr.-nuag.	
12	757,00-757,38	+ 3,0+ 6,7	N N E	Pl. fine, lég. br., couv.	
13	759,50-760,70	— 0,2+ 5,4	Id t fo.	Cerné, nuag., tr.-nuag.	
14	761,58-763,18	— 1,0+ 7,0	NE fo.	Beau, lég. br., beau.	
15	767,78-769,60	+ 2,1+ 5,9	NE fo.	Lég. br., écl., magnif.	N. L.
16	768,00-765,10	+ 1,7+ 9,7	O fa.	Lég. br., couv., cern.	Eq. L. Conjug.
17	764,60-763,30	+ 5,5+12,3	Calme.	Lég. brouil., couv., id.	
18	762,00-758,15	+ 5,7+12,5	E N E	Gazé, assez beau, id.	
19	758,72-757,76	+ 5,1+14,6	E fa.	Gazé, id., id.	
20	758,60-762,00	+ 3,2+13,2	O	Tr.-nuag., couv., gazé.	
21	763,00-763,56	+ 2,7+13,0	Calme.	Brouil., nuag., beau.	Apog.
22	762,76-759,22	+ 2,2+15,0	SE fa.	Vapor., id., tr.-beau.	P. Q.
23	758,56-755,58	+ 4,2+17,5	SE fa.	Vap., lég. brouil., cou.	L. B.
24	754,00-750,72	+ 9,7+15,7	SO fo.	Couv., pluie, tr.-nuag.	
25	747,50-741,78	+ 7,7+12,7	SO fo.	Couvert, id., pluie.	
26	738,26-746,52	+ 7,0+14,1	S S O	Lég. br., p. pl., t.-nu.	
27	741,50-744,50	+ 4,7+12,2	SO fn	Couv., id., cerné.	
28	744,80-748,00	+ 3,7+14,9	S S E	Vap., éclaire., t.-nuag.	
29	750,20-754,00	+ 6,2+12,6	NO fa.	Tr.-nuag., couv., nua.	
30	753,00-750,08	+ 5,7+14,2	E	Br., tr.-nuag., éclaire.	Eq. L
31	749,30-747,24	+ 8,2+11,0	E	Gazé, forte pluie, pluie.	P. L.

Eau tombée, 15ᵐᵐ,25.

OBSERVATOIRE (AVRIL 1809) DE PARIS.

J. solaires.	BAROMÈTRE.	THERMOMÈT.	VENTS.	ASPECT DU CIEL.	POINTS lunaires
1	747,20-751,05	+ 1,9+ 8,6	E N E	Brouill., couv., id.	
2	752,00-754,86	— 0,2+ 6,0	N fo.	Vap., grésil, tr.-nuag.	Périg.
3	754,80-756,65	— 1,7+ 3,7	N O	Lég. br., neige, cerné.	
4	757,05-762,50	— 2,7+ 4,0	N O	Beau, lég. br., neige.	
5	764,00-765,94	— 3,6+ 3,4	NNO fo.	Beau, lég. br., neige.	L. A.
6	764,00-764,50	— 3,4+ 5,4	N NE	Couv., tr.-nuag., couv.	
7	763,00-763,00	— 0,4+ 8,0	E	Couvert, beau, id.	D. Q.
8	766,20-765,36	— 2,0+ 6,7	NE fo.	Beau, nuag., tr.-nuag.	
9	763,00-758,80	— 1,2+ 7,7	NNE	Beau, magnif., beau.	
10	757,50-752,00	+ 2,2+13,5	N O	Couv., lég. br., bruine.	
11	757,50-743,64	+ 5,7+13,6	O fo.	Couv., id., pl., grêle.	
12	751,50-754,62	+ 2,5+ 9,2	NO fo.	Couv., tr.-nuag., couv.	Eq. L.
13	748,00-742,82	+ 5,4+13,7	SO fo.	Pluie, tr.-nuag., pluie.	N. L.
14	742,00-743,24	+ 4,0+12,7	S O	Pl., nuag., aver. et gr.	Conj.
15	745,50-750,70	+ 4,2+12,2	O fo.	Nuag., p. pluie, tr.-b.	
16	745,44-738,00	+ 7,2+12,0	S fo.	Pluie f., pluie, couv.	
17	742,22-743.32	+ 5,0+13,6	S fo.	Nuag., tr.-nuag., couv.	
18	744,00-747,62	+ 2,2+12,7	N	Couv., neige, couv.	Apog.
19	748,00-753,00	+ 2,5+ 5,6	N fo.	As. beau, tr.-nuag., gr.	L. B.
20	753,18-754,24	— 2,5+ 9,2	S O	Tr.-nuag., brouil., pl.	
21	753,50-749,24	+ 1,2+14,2	S fo.	Pl. f., lég. br., couv.	
22	750,00-752,56	+ 5,7+10,5	S	Couv., id., id.	Conj.
23	753,72-760,00	+ 5,2+12,2	N E	Couv., id., magnifiq.	P. Q.
24	762,50-764,00	+ 6,7+10,9	NNE	Couvert, id., id.	
25	763,70-762,00	+ 6,7+12,2	NNE	Couvert, id., id.	Eq. L.
26	760,24-755,80	+ 5,5+15,0	Calme.	Gazé, p. pluie, pluie.	
27	754,50-746,86	+ 3,7+17,5	S	Nuag., l. br.; ass. b., id.	
28	743.32-744,56	+ 8,5+17,7	Calme.	Gazé, p. pl., couv., id.	P. L.
29	745,08-750,50	+ 5,7+11,7	N	Lég. brouil., couv., id.	
30	749,71-750,90	+ 2,5+ 8,6	N	Ass. beau, tr.-c., beau.	

Eau tombée, 19^{mm},75.

OBSERVATOIRE (**MAI 1809**) DE PARIS.

J. solaires.	BAROMÈTRE.	THERMOMÈT.	VENTS.	ASPECT DU CIEL.	POINTS lunaires
1	750,50-746,72	+ 0,5+12,7	O S O	Gel., t.-n., couv., pl., gr.	
2	747,30-753,00	+ 3,7+ 9,7	O	Beau, nuageux, couv.	L. A.
3	754,00-759,60	+ 5,5+12,7	O	Eclairc., couv.,as. beau.	
4	760,50-761,76	+ 1,9+13,7	O	Gel. bl., t.-nuag., pl. f.	
5	760,00-761,52	+ 6,5+15,4	O	P. pluie, couv., beau.	
6	764,30-767,12	+ 3,5+14,0	O fa.	Beau, tr.-nuag., beau.	D.Q.
7	768,56-767,00	+ 3,7+16,0	N N E	Beau, couv., beau.	
8	767,12-763,82	+ 7,5+19,0	N É fo.	Vap., ass. beau, beau.	
9	762,86-759,90	+ 7,0+21,4	E fort.	Cerné, magn., beau.	Eq. L.
10	759,68-758,20	+ 8,0+23,2	E	Cerné, magn., beau.	
11	758,32-760,00	+ 9,5+27,5	Calme.	Beau, br., beau, nuag.	
12	760,98-759,92	+14,1+26,1	O fa.	Nuag., beau, id.	
13	759,50-757,50	+10,2+24,4	Calme.	Cerné, beau, id.	
14	757,32-756,64	+14,7+26,2	S fa.	Nuag., beau, éclairc.	N. L.
15	756,70-754,32	+11,9+25,2	S fo.	Nuageux, id., id.	Apog.
16	754,94-755,28	+10,0+24,5	SE	Cerné, nuag., beau.	L. B.
17	755,20-755,62	+15,6+26,2	SE	Cerné, nuag., couv.	
18	755,00-750,76	+15,0+27,5	SE	Nuageux, id., couv.	
19	750,76-754,00	+13,2+21,0	SE	Pluie, id., orage.	
20	756,00-760,64	+ 9,0+20,0	S S O	Cerné, gazé, couvert.	
21	761,30-763,70	+ 7,0+21,0	S O	Cerné, couv., nuag.	
22	764,12-764,94	+12,2+21,0	N	Nuag., id., couvert.	P. Q.
23	764,32-762,28	+12,4+23,6	N E	Cerné, nuag., magnif.	
24	761,84-759,50	+11,8+21,5	E N E	Brouil., t.-nuag., magn.	Eq. L.
25	759,00-757,78	+11,1+19,6	N	Cerné, pluie, vapor.	
26	757,40-753,56	+10,7+22,2	O sup.	Brouil, beau, gazé.	
27	751,10-753,00	+15,5+22,8	S	Pluie f., couv., pluie.	
28	751,70-753,00	+14,0+24,9	S	Couv., t.-nuag., orage.	P. L.
29	752,56-748,72	+12,0+22,4	S S O	Couv., t.-nuag., neige.	Périg.
30	753,50-759,68	+11,9+18,4	N O	Pl. fine,t.-nuag., nuag.	L. A.
31	759,60-754,72	+ 7,0+19,7	S	Vapor., couv., beau.	

Eau tombée, 43^{mm},25.

OBSERVATOIRE (**JUIN 1809**) DE PARIS.

J. solaires.	BAROMÈTRE.	THERMOMÈT.	VENTS.	ASPECT DU CIEL.	POINTS lunaires
1	752,40-747,82	+ 8,5+25,5	S	Cerné, tr.-beau, orage.	
2	759,50-760,00	+10,0+18,7	SO fo.	Couv., nuag., magnif.	
3	761,70-756,74	+10,7+20,1	E	Vap., nuag., t.-beau.	
4	751,44-755,00	+11,5+22,8	S	Tr.-beau, p. pluie, mag.	D. Q.
5	747,08-752,00	+12,7+18,7	S	Ecl., pluie, nuageux.	Eq. L.
6	750,00-757,50	+ 8,7+19,2	S	Couv., pluie, magnif.	
7	757,40-760,70	+ 9,0+19,6	S	Cerné, pluie, nuageux.	
8	761,38-751,58	+ 9,4+20,5	S	Couv., id., pluie forte.	
9	750,00-752,50	+10,0+14,5	O fo.	Couv., pluie, couv.	
10	752,28-754,72	+ 7,6+15,1	SO	Cerné, couv., pluie.	L. B.
11	755,32-761,16	+ 8,2+17,0	SO	Nuag., couv., pluie.	Apog.
12	763,12-765,64	+10,2+20,7	O fa.	Couv., tr.-beau, nuag.	N. L.
13	764,00-763,40	+11,5+19,2	O	Couvert, id., id.	
14	762,00-757,90	+13,2+24,2	SE	Couv., nuag., beau.	
15	757,88-757,00	+12,7+20,5	O fa.	Nuageux, id., couv.	
16	757,56-760,44	+10,6+20,7	N	Lég. brouil, nua., ass. b.	
17	760,22-757,50	+ 8,5+21,7	SO	Nuag., beau, tr.-beau.	
18	755,28-757,00	+13,2+20,5	O	Pluie, beau, ass.-beau.	
19	758,30-757,08	+ 9,5+19,6	NO	Voilé, beau, ass.-beau.	
20	759,50-762,50	+10,5+22,6	N	Cerné, nuag., beau.	Eq. L.
21	764,00-765,40	+10,8+23,9	N	Vaporeux, beau, id.	P. Q.
22	766,00-766,76	+13,0+20,0	N fo.	Vaporeux, nuag., beau.	
23	766,08-765,40	+12,5+21,8	NE	Vap., ass. b., t.-nuag.	
24	765,98-767,56	+13,2+20,1	NE	Magn., ass.-beau, t.-n.	
25	767,50-768,76	+11,2+18,0	N	Cerné, couv., magnif.	L. A.
26	767,20-764,44	+ 9,2+19,1	N	Vapor., couv., magn.	Périg.
27	764,08-761,70	+ 9,2+19,0	N	Beau, nuag., magn.	P. L.
28	761,56-759,08	+ 9,7+21,1	NO fa.	Cerné, nuag., orageux.	
29	758,68-757,70	+11,2+21,0	Calme.	Nuag., pl. fine, nuag.	
30	757,20-756,92	+12,0+22,0	O fa.	Brouil., nuag., nuag.	

Eau tombée, 30mm,50.

OBSERVATOIRE (JUILLET 1809) DE PARIS.

J. solaires.	BAROMÈTRE.	THERMOMÈT.	VENTS.	ASPECT DU CIEL.	POINTS lunaires
1	756,04-756,80	+12,2+25,4	SO fa.	P. pluie, couv., orage.	
2	756,28-754,86	+10,0+23,6	S	Nuageux, id., couvert.	Eq. L.
3	751,76-750,24	+ 9,2+14,7	NO fo.	Couvert, pluie, id.	
4	750,60-751,64	+ 6,2+17,2	OSO	Beau, couv., pluie.	D. Q.
5	750,60-752,90	+10,2+18,1	SO	Pluie ab., pluie, orage.	
6	753,00-753,84	+12,0+21,5	S	Couvert, id., id.	
7	754,48-757,20	+14,7+24,1	SSE	Couv., tr.-nuag., orag.	
8	754,28-756,40	+11,6+23,7	SSE	Cerné, tr.-nuag., orag.	Apog.
9	756,20-754,50	+12,2+22,2	O fa.	Couv., t.-nuag., avers.	L. B.
10	757,64-757,20	+11,7+20,5	NO	Couv., t.-beau, pluie.	
11	757,62-761,00	+14,2+18,6	NO	Couv., p. pl., couvert	
12	761,32-762,08	+12,7+21,5	NNO	Couvert, t.-beau, id.	N. L.
13	761,44-763,50	+13,6+24,7	NO	Brouil., t.-nuag., t.-b	
14	765,02-764,02	+12,2+19,7	NE	Cerné, beau, id.	
15	763,18-761,00	+12,2+23,7	ONO	Cerné, t.-beau, ass.-b.	
16	760,53-758,50	+11,3+24,1	O	Cerné, tr.-nuag., mag.	
17	757,50-755,28	+12,5+22,7	O fo.	Pluie, beau, couvert.	Eq. L.
18	754,76-758,20	+12,5+19,4	NNO	Couv., nuag., éclairs.	
19	759,50-763,16	+ 9,4+18,8	NNO	Brouillardé, nua., mag.	
20	762,50-763,67	+ 8,7+22,4	N	Magn., nuag., magnif.	P. Q.
21	763,54-760,27	+11,1+20,6	NE	Magn., id., vaporeux.	
22	758,70-755,62	+11,5+22,5	NE	Magnif., tr.-beau, id.	
23	756,00-754,50	+13,0+25,5	SE fa.	Nuag., tr.-nuag., tr.-b.	
24	756,00-752,40	+14,9+28,5	E	Nuageux, cerné, orage.	Périg.
25	752,00-753,16	+16,0+25,9	SE	Pluie, couv., nuageux.	L. A.
26	752,44-754,32	+16,5+26,1	O	Cerné, tr.-nuag., pluie.	P. L.
27	754,00-754,94	+12,7+25,5	SSO	Cerné, nuag., as. beau.	
28	753,50-756,24	+15,5+22,1	SO	Cerné, pl. forte, nuag.	
29	758,36-756,86	+11,5+21,7	SO fo.	Cerné, nuag., couv.	
30	755,84-752,60	+12,0+25,0	S	Nuageux, id., couvert.	Eq. L.
31	751,56-753,10	+16,0+22,7	SO fa.	Pl. fine, pl., tr.-nuag.	

Eau tombée, 59^{mm},26.

OBSERVATOIRE (**AOUT 1809**) DE PARIS.

J solaires.	BAROMÈTRE.	THERMOMÈT.	VENTS.	ASPECT DU CIEL.	POINTS lunaires
1	753,80-755,32	+15,0+22,5	O fa.	Couv., p. pluie, couv.	
2	755,10-753,38	+13,5+23,7	O	Voilé, id., très-beau.	
3	752,00-749,11	+12,2+20,4	S fo.	Voilé, p. pluie, couv.	D. Q.
4	752,30-757,78	+ 9,7+18,2	SO	Cerné, id., pet. pluie.	Conj.
5	758,20-752,40	+11,5+22,5	SO	Couv., nuag., couvert.	Apog.
6	751,30-748,06	+15,5+22,7	S	P. pluie, couv., p. pl.	
7	758,64-759,10	+13,5+20,1	O	Couv., tr.-nuag., nuag.	L. B.
8	760,60-762,20	+15,5+22,2	O	Couvert, id., voilé.	
9	760,00-758,20	+12,7+26,0	Calme.	Brouillard., cerné, mag.	Conj.
10	758,00-754,82	+14,8+29,7	SE	Brouillard., cerné, mag.	
11	753,14-754,74	+15,2+27,5	S	Nuageux, orage, pl. f.	N. L.
12	755,60-758,90	+12,1+20,4	S fo.	Couv., p. pluie, orage.	
13	759,50-756,72	+ 9,7+21,7	S fa.	Beau, couv., orage.	
14	759,78-758,84	+ 9,2+21,4	S	Beau, pet. pluie, id.	Eq. L.
15	757,32-759,96	+13,7+19,7	SO	Pl. fine, couv., éclaire.	
16	760,40-761,50	+16,7+26,1	S	Couv., tr.-nua., a. beau	
17	758,50-756,70	+14,7+31,2	S	Cerné, beau, as. beau.	
18	755,48-757,40	+15,4+26,7	O	Cerné, tr.-nua., a. beau.	P. Q.
19	759,00-760,28	+15,0+24,6	S	Nuag., tr.-nua., magn.	
20	760,92-762,92	+13,0+23,7	S	Cerné, nuag., magnif.	
21	761,80-759,36	+11,5+23,5	SO	Magn., beau, couvert.	L. A.
22	759,00-756,50	+13,0+21,5	NO	Couv., nuag., vapor.	Périg.
23	754,12-750,00	+10,7+21,7	S	Cerné, couv., pluie.	
24	751,34-748,90	+ 9,7+15,4	SO	Cerné, pluie, orage.	
25	745,50-755,52	+11,2+18,9	O	Tr.-nua., pluie, id. gr.	P. L.
26	750,00-759,82	+ 9,7+19,7	SSO	Cerné, couv., pl. fine.	
27	758,60-759,20	+14,7+22,2	SO fo.	Couvert, id., id.	Eq. L.
28	761,00-765,50	+13,7+19,7	ONO	Couv., nuag., a. beau.	
29	765,00-761,54	+11,6+23,7	E	Beau, id., id.	
30	759,74-756,92	+13,0+26,1	SE	Cerné, magnif., beau.	
31	756,08-754,96	+16,5+21,2	NO	Cerné, couv. pet. pluie.	

Eau tombée, 54ᵐᵐ,15.

OBSERVATOIRE (SEPTEMBRE 1809) DE PARIS.

J. solaires.	BAROMÈTRE.	THERMOMÈT.	VENTS.	ASPECT DU CIEL.	POINTS lunaires
1	753,90-753,00	+18,4+22,4	N fa.	Couvert, voilé, cerné.	D. Q.
2	752,80-751,50	+15,5+25,9	S	Nuag., tr.-nuag., pluie.	Apogée.
3	752,96-751,60	+13,4+23,4	SSE fo.	Beau, nuageux, pluie.	L. B.
4	750,72-749,50	+15,0+21,9	S	P. pluie, couv., pluie.	
5	749,64-748,38	+12,2+22,2	SE fa.	Voilé, couv., cerné.	
6	749,40-747,88	+13,5+22,1	NO	Voilé, pet. pluie, beau.	
7	745,56-745,56	+12,2+20,7	S fo.	Tr.-nuag., pluie, orag.	
8	746,22-749,58	+12,5+16,3	SO	Pl. fine, pluie, tr.-couv.	Conj.
9	749,20-754,86	+13,7+18,2	O	Nuag., p. pluie, beau.	N. L.
10	753,56-750,86	+13,2+16,7	O	Voilé, couv., pluie fine.	Eq. L.
11	753,00-755,82	+11,2+18,5	O fa.	Cerné, couvert, pluie.	
12	756,00-757,37	+10,2+17,1	O	Cerné, p. pluie, beau.	
13	758,76-756,80	+18,7+18,7	SO	Beau, nuageux, couv.	
14	755,30-752,68	+12,3+17,9	S	P. pluie, pluie, couv.	
15	753,50-761,30	+12,5+18,2	N	P. pluie, pluie, t.-nua.	Périgée.
16	762,99-761,58	+ 9,5+17,6	N	Magnif., nuag., vapor.	P. Q.
17	763,46-762,36	+13,7+18,1	O	Petite pluie, couv., id.	L. A.
18	761,66-758,70	+14,6+19,4	OSO	Couv., pet. pluie, couv.	
19	755,20-736,52	+11,2+17,0	O	Couvert, nuag., vapor.	
20	755,92-748,54	+ 7,8+18,9	SSO fo.	Pluie fine, pluie, couv.	
21	751,60-760,10	+11,5+17,5	O	Couvert, id., id.	
22	757,28-759,50	+12,0+18,0	SO	Pluie fine, couvert, id.	
23	758,04-760,10	+13,7+22,2	SO	Couv., tr.-nuag., beau.	
24	760,50-762,46	+12,5+18,4	SO	Couv., tr.-nuag., couv.	P. L.
25	762,00-757,10	+11,5+18,4	SO	Nuag., t.-nuag., beau.	Conjug.
26	762,04-762,58	+ 6,7+15,9	NO fa.	Vapor., t.-nuag., beau.	Eq. L.
27	760,30-748,56	+ 5,3+13,7	SSO	Nuag., pet. pl., couv.	
28	753,92-758,34	+ 5,2+12,6	NO	Beau, p. pluie, pluie.	
29	758,00-751,62	+ 3,4+11,7	NO	Gel. bl., beau, magnif.	Apog.
30	761,70-759,00	+ 1,7+13,7	SO	Gel. bl., couv., pl. fine.	L. B.

Eau tombée, 48mm,92.

OBSERVATOIRE (**OCTOBRE 1809**) DE PARIS.

J solaire.	BAROMÈTRE.	THERMOMÈT.	VENTS.	ASPECT DU CIEL.	POINTS lunaires
1	760,16-766,58	+10,4+16,0	N fa.	Couv., couv., éclaire.	D. Q.
2	768,32-769,32	+ 6,0+14,6	N	Cerné, beau, magnifiq.	
3	768,56-766,00	+ 5,2+15,5	NE	Magnif., cerné, magn.	
4	763,80-761,28	+ 4,5+15,5	NE	Magnif., cerné, magnif.	
5	759,84-759,82	+ 4,2+15,9	Calme.	Magnif., cerné, magnif.	
6	759,82-759,16	+ 4,6+16,7	NE	Magnif., cerné, magnif.	
7	760,20-759,50	+ 5,0+15,7	E	Magnif., cerné, magnif.	Eq. L
8	760,44-759,80	+ 5,7+15,2	N	Cerné, id., magnifiqu.	N. L. Conjug.
9	759,20-758,10	+ 4,7+11,0	NE fo.	Magnifique, id., id.	
10	759,54-756,40	+ 0,5+ 9,6	NE	Magnifique, id., id.	
11	757,56-757,56	+ 4,6+ 5,2	E	Couv., pluie f., éclairs.	Périg.
12	758,82-760,12	+ 2,7+ 6,5	NE	Couv., pluie f., couv.	
13	761,96-763,90	— 1,0+ 7,2	NE	Magnifique, beau, id.	
14	756,00-766,80	— 2,0+ 8,8	N	Brouil., beau, nuag.	L. A.
15	765,60-763,70	+ 3,0+10,2	N	Cerné, brouill., couv.	
16	762,72-763,60	+ 7,5+10,5	N	Brouillard, couvert, id.	P. Q
17	764,68-764,10	+ 9,0+15,0	Calme.	Couvert, id., id.	
18	764,60-764,08	+10,0+15,1	O	Couvert, id., pluie fine.	
19	765,14-764,40	+11,2+14,7	Calme.	Couv., brum., couv.	Conj.
20	763,86-763,12	+10,0+14,0	NE	Couv., id., id.	Eq. L
21	763,66-762,30	+ 7,0+ 9,5	SE	Couv., brouill., beau.	
22	763,36-762,00	+ 7,0+13,6	E	Couvert, id., beau.	
23	761,44-759,50	+ 4,0+15,9	SSE	Beau, id., id.	P L.
24	758,32-759,74	+ 4,2+18,5	SE	Nuageux, beau, id.	
25	764,24-767,10	+12,5+18,7	S	Voilé, vaporeux, beau.	
26	767,32-769,30	+13,2+19,4	SE	Cerné, id., beau.	
27	767,04-766,52	+ 7,1+17,7	SSE	Beau, voilé, beau.	L. B.
28	766,40-765,96	+ 7,0+13,8	Calme.	Brouil. fort, brouil., id.	Apog.
29	765,68-764,20	+ 8,7+15,2	NE	Brouil., t.-nuag., beau.	
30	763,50-768,80	+ 5,0+12,5	N	Beau, id., id.	
31	759,66-758,00	+ 1,7+10,0	N	Voilé, beau, id.	D. Q.

Eau tombée, 1^{mm},80.

OBSERVATOIRE (**NOVEMBRE 1809**) DE PARIS.

J. mètres	BAROMÈTRE.	THERMOMÈT.	VENTS	ASPECT DU CIEL.	POINTS lunaire.
1	759,24-761,32	+0,6+10,6	N fa.	Brouil., id., éclaircies.	
2	762,36-763,72	+6,5+9,9	NE	Couvert, id., id.	
3	760,24-755,91	+2,1+6,8	ENE	Assez beau, couv., id.	
4	753,36-755,62	+5,1+7,6	N	Couv., id., pet. pluie.	Eq. L
5	759,22-761,24	+5,4+10,6	SSO	Couv., id., éclaircies.	
6	762,74-767,30	+6,0+9,9	S	Couv., id., pluie abon.	
7	757,60-763,00	+5,6+15,2	N fo.	Couv., pluie, pet. pluie.	N. L.
8	765,10-766,44	+4,5+9,8	NNE fo.	Beau, nuag., couvert.	
9	767,16-766,58	+3,1+9,2	NNE fo.	Beau, nuag., t.-nuag.	Périg.
10	765,50-763,76	+2,5+4,4	NNE	Brouillard, couv., id.	L. A.
11	763,10-758,90	+1,8+9,0	E	Brouillard, beau, id.	
12	756,54-753,52	+0,1+8,5	SSE fa.	Brouil., t.-nua., p. plu.	
13	754,90-751,86	+7,3+11,2	Calme.	Brouil., couv., humide.	
14	749,74-747,00	+6,8+11,9	NE	Pluie f., couv., as. beau	P. Q.
15	747,10-729,30	+1,8+5,8	N	Brouil., pluie fine, id.	
16	763,32-753,95	−0,1+3,9	NO	Éclaircies, couv., beau.	Eq. L
17	752,60-749,24	+1,5+3,9	O	Neige, id., pl. abond.	
18	753,94-757,72	+0,7+5,2	ONO	Beau, id., nuageux.	
19	762,50-769,56	−2,1+3,0	NO	Neige, beau, tr.-nuag.	
20	771,04-766,54	−5,0+3,4	NO	Beau, id., id.	
21	766,00-766,00	−0,7+5,1	N	Pl. ab., t.-nuag., nuag.	
22	767,78-762,64	+1,2+8,0	O fa.	Couvert, id., nuageux.	P. L.
23	762,00-756,86	+7,1+10,5	O	Éclaircies, couv., écl.	Apogée. L. B
24	746,06-743,82	+8,6+8,2	NNO	Pl. ab., tr.-nuag., pl.	
25	751,60-743,12	+2,9+7,4	NO	Beau, éclaircies, couv.	
26	740,04-744,56	+0,5+6,7	SO	Pluie, id., nuag.	
27	748,68-755,90	+1,7+5,7	Variab.	Couv., id., id.	
28	757,80-756,76	+0,5+4,2	NO fa.	Brouill., couv., id.	
29	763,66-756,76	+1,0+3,7	NO fa.	Couv., éclairc., couv.	
30	758,40-754,80	+2,2+4,2	S fa.	Brouil., couvert, id.	D. Q.

Eau tombée, 39mm,10.

OBSERVATOIRE (**DÉCEMBRE 1809**) DE PARIS.

J. solaires.	BAROMÈTRE.	THERMOMÈT.	VENTS.	ASPECT DU CIEL.	POINTS lunaires
1	745,48-746,94	+ 3,2+ 8,9	O	Pluie ab., nuageux, id.	
2	752,56-759,10	+ 0,2+ 6,3	O	Nuag., cerné, grêle.	Eq. L.
3	760,60-757,00	— 0,6+ 3,0	SO	Couv., gel., couv., éc.	
4	751,06-750,52	+ 5,0+ 9,2	SO	Pluie ab., beau, nuag.	
5	755,32-755,32	+ 1,0+ 7,6	NO	Nuag., pluie, tr.-nuag.	
6	766,42-766,42	+ 1,0+ 6,4	SE	Écl. gel., nuag., pluie.	
7	762,32-766,80	+ 6,3+11,7	SO	Couv., nuag., couvert.	N. L. Périgée.
8	768,34-760,62	+ 1,7+ 8,4	O	Brouillardé, voilé, cou.	L. A.
9	754,08-748,52	+ 6,9+10,1	SO	Pluie, pl. fine, nuag.	
10	745,10-744,32	+ 9,2+13,5	SSO	Pluie, couv., pluie fine.	
11	749,50-753,00	+ 3,2+ 7,9	SSO	Brouillardé, nuag., id.	
12	746,80-743,70	+ 6,5+10,7	SSO	Pluie aq., pl., pluie ab.	
13	745,82-746,70	+ 1,6+ 8,6	SSO	Beau, pl., assez beau.	P. Q.
14	749,74-742,80	+ 2,7+ 5,0	SO	Couv., éclairc., vapor.	Eq. L.
15	736,22-734,74	+ 2,1+ 8,4	SSO	P. pluie, nuag., pl. for.	
16	733,40-734,52	+ 3,2+ 4,6	S	Pl. fine, pl., pl. abond.	
17	736,30-725,00	+ 5,9+ 7,5	SSE fo.	Nuag., tempête, pl. ab.	
18	728,64-735,00	+ 5,9+ 8,0	SO fo.	Tr.-nuag., couvert, id.	
19	741,94-749,26	+ 2,3+ 7,0	O	Beau, voilé, couvert.	
20	753,44-755,50	+ 4,9+ 7,7	O	Pluie, convert, id.	L. B. Apogée.
21	753,80-758,46	+ 6,6+ 7,0	NO	Pluie, nuageux, id.	P. L.
22	762,30-759,50	+ 1,6+ 6,4	O	Beau, éclairc., pluie.	
23	759,00-758,02	+ 2,7+ 4,0	Calme.	Brouillard, id., id.	
24	756,24-759,50	+ 1,6+ 4,9	O	Couv., éclairc., pl. fin.	
25	762,56-757,08	+ 0,0+ 3,5	S	Couvert, id., id.	
26	752,70-754,04	+ 3,3+ 5,9	N	Brouill., pl. fine, pluie.	
27	757,22-765,50	+ 2,0+ 4,8	SE	Pluie, brouillard, pluie.	
28	759,30-762,20	— 0,8+ 2,0	N	Couvert, id., id.	Eq. L.
29	761,04-752,30	— 2,1+ 6,6	SSO	Vapor., neige, pl. fine.	D. Q.
30	753,16-756,82	+ 7,9+ 9,1	O	Brouill., écl., t.-nuag.	
31	760,10-763,18	+ 7,5+10,5	O	Pluie, couvert, id.	

Eau tombée, 10c,43.

TABLE DES MATIÈRES

	Pag.
Introduction explicative	3
Comput comparatif et ecclésiastique	26
Commencement des saisons	27
Éclipses en 1866	Ibid.
Explication des abréviations et signification des mots employés dans le triple calendrier	28
Concordance du triple calendrier grégorien, républicain et météorologique	33
Note sur l'agenda agricole du calendrier républicain	46
Éphémérides des hommes et événements célèbres	47
Exemple d'une leçon d'histoire : Waterloo	72
Traité succinct de météorologie pratique ou l'art de prévoir le temps avec une certaine probabilité	85
Instruction pratique ou application des principes météorologiques, mois par mois, à l'année 1866	133
Physionomie générale de l'année 1866, mois par mois, d'après les tables de l'abbé Cotte	146
Observations journalières recueillies à l'Observatoire de Paris, en 1809, année corrélative à celle de 1866 dans le cycle de 19 ans	149

FIN.

ERRATA

Pag. 51, lign. 18, Lannoy, *lisez* : Launoy.
— 105, — 30, *rb*, *lisez* : 2*b*.

CORBEIL, typ. et stér. de CRÉTÉ.

NOUVEAU SYSTÈME DE CHIMIE ORGANIQUE, à l'usage des manufacturiers et des gens du monde, par F.-V. RASPAIL. 3 gros vol. in-8°, et un atlas in-4° de 20 planches, dont quelques-unes coloriées. 1838. — Prix... 30 fr.

NOUVEAU SYSTÈME DE PHYSIOLOGIE VÉGÉTALE, par F.-V. RASPAIL. 2 gros vol. in-8°, et un atlas de 60 magnifiques planches dessinées et gravées par les meilleurs artistes. 1837. — Prix, avec planches en noir. 30 fr.
Avec planches coloriées.. 50 fr.

LES BÉLEMNITES FOSSILES RETROUVÉES A L'ÉTAT VIVANT, par F.-V. RASPAIL. In-8° de vi-44 pages, papier vélin, avec une planche color., dessinée et gravée par son fils Benj. RASPAIL. — Prix............... 4 fr.

HISTOIRE NATURELLE DES AMMONITES ET DES TÉRÉBRATULES des Basses-Alpes, de Vaucluse et des Cévennes, par F.-V. RASPAIL. — Nouvelle édition considérablement augmentée et enrichie de 11 planches lithographiées par son fils Benj. RASPAIL. — 1 vol. gr. in-4° oblong, format d'album. — Prix.. 12 fr.

LA LUNETTE DE DOULLENS, Almanach de l'Ami du Peuple pour 1850, par F.-V. RASPAIL, représentant du peuple à la Constituante. — Prix. 50 c.
Par la poste.. 65 c.

PROCÈS ET DÉFENSE DE F.-V. RASPAIL, poursuivi le 19 mai 1846, en exercice illégal de la médecine, sur la dénonciation formelle des sieurs Fouquier, médecin du roi, et Orfila. — Nouv. édit. 1865, augmentée de la DÉFENSE EN COUR D'APPEL. — Prix............................ 60 c.
Par la poste.. 75 c.

PROCÈS PERDU, GAGEURE GAGNÉE, OU MON DERNIER PROCÈS, EN 1856, par F.-V. RASPAIL. In-8°. — Prix............... 15 c.

NOUVELLE DÉFENSE ET NOUVELLE CONDAMNATION DE F.-V. RASPAIL à 15,000 fr. de dommages-intérêts, pour avoir demandé, le 8 novembre 1845, et obtenu le 30 décembre 1847, la dissolution de la société par lui formée avec le pharmacien-droguiste du n° 14 de la rue des Lombards. — Prix.. 50 c.
Par la poste.. 65 c.

RÉPLIQUE AU SIEUR LÉON DUVAL. Paris, 1846. In-8°. — 2° édit. 10 c.
Par la poste.. 15 c.

COLLECTION DE L'AMI DU PEUPLE, en 1848, par F.-V. RASPAIL. Ce journal, dont le 1er n° porte la date du 26 février, se publiait le jeudi et le dimanche sur la voie publique; il cessa de paraître à la suite de la journée du 15 mai. — Prix des 21 numéros.................................. 2 fr.
Par la poste.. 2.50

N. B. — Les lettres non affranchies sont rigoureusement refusées.
— Les envois se font contre remboursement, ou contre un mandat sur la poste ou sur une maison de Paris.

MANUEL UNIVERSEL
DE LA SANTÉ
POUR TOUS

ou

MÉDECINE ET PHARMACIE DOMESTIQUES

www.ingramcontent.com/pod-product-compliance
Lightning Source LLC
Chambersburg PA
CBHW060528090426
42735CB00011B/2422